全国气象部门优秀调研报告文集
2019

中国气象局政策法规司　编

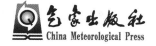

气象出版社
China Meteorological Press

图书在版编目(CIP)数据

全国气象部门优秀调研报告文集. 2019 / 中国气象局政策法规司编.--北京:气象出版社,2020.9

ISBN 978-7-5029-7274-5

Ⅰ. ①全… Ⅱ. ①中… Ⅲ. ①气象学-文集 Ⅳ. ①P4-53

中国版本图书馆 CIP 数据核字(2020)第 166143 号

全国气象部门优秀调研报告文集 2019

Quanguo Qixiang Bumen Youxiu Diaoyan Baogao Wenji 2019

中国气象局政策法规司　编

出版发行:气象出版社

地　　址:北京市海淀区中关村南大街 46 号　邮政编码:100081

电　　话:010-68407112(总编室)　010-68408042(发行部)

网　　址:http://www.qxcbs.com　　**E-mail**:　qxcbs@cma.gov.cn

责任编辑:黄海燕　　　　　　　　　终　审:吴晓鹏

责任校对:张硕杰　　　　　　　　　责任技编:赵相宁

封面设计:易普锐创意

印　　刷:三河市君旺印务有限公司

开　　本:889 mm×1194 mm　1/16　　印　张:8.25

字　　数:250 千字

版　　次:2020 年 9 月第 1 版　　　　印　次:2020 年 9 月第 1 次印刷

定　　价:42.00 元

目　　录

关于完善气象部门财政保障政策的调研报告

矫梅燕[1]　谢璞[1]　褚利明[2]　曹卫平[1]　赵新国[2]　董妍[2]

郭雪飞[1]　杨方[2]　龚锐[2]　董江[1]　何巍[1]

(1. 中国气象局;2. 财政部)

2019 年 3 月和 7 月,财政部和中国气象局联合组成调研组赴海南省、黑龙江省就气象部门针对事业人员绩效工资落实情况及中央垂直管理单位财政资金保障情况进行了专题调研。之后,中国气象局结合两次调研情况,对气象部门的财政保障情况进行了梳理,深刻剖析存在的问题及产生问题的原因。我们认为,在新时期为更好地履行气象部门职责,充分发挥气象保障经济建设、国防建设、社会发展和人民生活的重要职能作用,亟须完善气象部门财政保障政策。

一、气象部门财政保障政策情况

(一)气象事业的基本属性及财政保障责任

中国气象局于 1949 年成立,1983 年开始实行"气象部门与地方政府双重领导、以气象部门领导为主的管理体制"。1994 年由国务院直属机构改为国务院直属事业单位,经国务院授权,承担全国气象工作的行政管理职能,负责全国气象工作的组织管理,县级和县级以上地方各级气象机构按行政区划设置,全国气象部门实行统一领导,分级管理。截至 2018 年年底,全国气象部门在职人员共计 51989 人,具有中级以上职称的占 66% 以上,是一支专业性强、综合素质高的科技人才队伍。1999 年颁布的《中华人民共和国气象法》提出"气象事业是经济建设、国防建设、社会发展和人民生活的基础性公益事业,气象工作应当把公益性气象服务放在首位。县级以上人民政府应当加强对气象工作的领导和协调,将气象事业纳入中央和地方同级国民经济和社会发展计划及财政预算……",明确了气象事业基础性公益性的定位,同时确定了中央和地方财政对气象事业的保障责任。

(二)气象部门的财政保障体制及政策框架

1992 年,《国务院关于进一步加强气象工作的通知》(国发〔1992〕25 号,以下简称"国发 25 号文")明确提出"建立健全与气象部门现行领导管理体制相适应的双重气象计划体制和相应的财务渠道,合理划定中央和地方财力分别承担基建投资和事业经费的气象事业项目"(以下简称"双重计划财务保障政策"),气象部门建立了以中央财政保障为主、地方财政保障为辅,其他资金(主要是气象有偿服务收入)作补充的财政保障框架。

1997 年,《国务院办公厅转发中国气象局关于加快发展地方气象事业意见的通知》(国办发〔1997〕43 号,以下简称"国办发 43 号文")提出"关于气象职工的有关补贴等福利待遇问题,在国家尚未做出统一规定之前,有条件的地方可比照本地标准先行解决,所需经费由当地政府安排,待国家做出统一规定后再按规定执行",首次明确了有条件的地方财政对气象职工有关补贴、福利待遇的属地化保障政策。

(三)双重计划财务保障政策有力促进气象事业发展

自建立双重计划财务保障政策以来,在党中央、国务院的正确领导下,中央和地方财政投入不断增加,由 1993 年的 9.5 亿元,增加到 2018 年的 229.1 亿元,26 年累计投入 2318.1 亿元(其中,中央财政投入 1618.3 亿元,地方财政投入 699.8 亿元),有力支撑了气象事业发展。

中央财政发挥主导作用,国家气象现代化建设取得了历史性成就。在中央财政的大力支持下,我国建成了世界上规模最大、覆盖最全的综合气象观测系统,2400 多个国家级地面气象观测站全部实现自动化;成功发射 17 颗风云系列气象卫星,8 颗在轨运行,198 部新一代多普勒天气雷达组成了严密的气象灾害监测网;初步建立了生态、环境、农业、海洋、交通、旅游等专业气象监测网;建成了精细化、无缝隙的现代气象预报预测系统;建立了台风、重污染天气、沙尘暴、山洪地质灾害等专业气象预报业务;建成了高速气象网络、海量气象数据库、超级计算机系统。我国风云 3 号、4 号气象卫星遥感和应用技术达到世界先进水平,晴雨预报、暴雨预报、台风路径预报达到世界先进水平,气候系统模式、高性能计算跻身世界先进行列。

地方财政发挥辅助作用,气象保障地方经济社会发展和民生福祉的能力大幅提升。地方财政投资建设区域自动气象观测站近 6 万个,乡镇覆盖率达到 96%。建成了全国一张网的突发事件预警信息发布系统,气象灾害经济损失占 GDP 的比例从 3%~6% 下降到近五年的 1%~0.4%。构建了人工影响天气作业体系,拥有 50 多架飞机、6500 多门高炮、8200 多部火箭,增雨(雪)覆盖 500 万千米^2,防雹保护达 50 万千米^2,为防灾减灾、生态修复、农业增产、保障地方重点工程和重大活动做出了巨大贡献,充分体现了气象部门工作服务于地方、效益发挥在地方的部门特点。

实践证明,1983 年开始实行的气象部门与地方政府双重领导,以气象部门为主的管理体制,1992 年建立的与双重管理体制相适应的双重计划财务保障政策符合气象事业发展规律和行业特点,适应我国行政管理体制,有效地保障了气象工作服务经济建设、国防建设、社会发展和防灾减灾等方面职能作用的发挥。

二、存在的主要问题

从 1992 年提出建立气象部门双重计划财务保障政策起,已经过去了 27 年,随着改革开放深入推进和经济社会快速发展,气象部门经费保障面临许多新的问题和挑战,气象部门财政保障政策的缺陷逐渐呈现,已经成为影响气象队伍稳定和制约气象事业发展的主要因素,特别是不符合党中央推进国家治理体系和治理能力现代化的要求。

(一)双重财政保障政策表述要更加准确和规范

国发 25 号文提出"建立健全与气象部门现行领导管理体制相适应的双重气象计划体制和相应的财务渠道",侧重于计划体制,具有明显的计划经济体制烙印,就财政保障而言,仅从财务资金渠道上做出了明确规定,没有从保障政策和体制上做出明确规定,还不是规范的制度性规定。

(二)双重财政保障政策规定需要更加明确和具体

无论是国发 25 号文提出建立相应的财务渠道,还是国办发 43 号文提出气象职工落实福利待遇问题的解决办法,都不具体,在解决气象事业发展的项目支出方面,以及解决气象部门职工津补贴待遇方面,没有明确中央和地方财政部门保障的具体责任,从而在相关政策实际执行中难以落实。

(三)地方财政安排中央单位基本支出预算渠道不畅通

按照双重领导体制,各级气象部门作为同级政府部门参与中央和地方有关事务,承担中央和地方相关行政管理职责。然而由于没有明确规定,地方财政部门未把气象部门作为同级预算单位,导致地方财政对气象部门一般不直接安排人员经费和公用经费,基本以项目经费形式安排资金,而实际用于人员和公用经费,成为审计问题。

三、完善气象部门财政保障的政策建议

气象业务全球性、系统性和整体性的特点,气候变化的区域性影响,以及气象灾害局地性突发性特点需要更多服务于地方经济社会发展的现实,决定了气象机构要按行政区划设置,实施统一领导、分级管理,气象部门既为中央服务也为地方服务,应该由中央和地方财政共同保障。经商财政部同意,中国气象局提出以下完善气象部门财政保障政策的思路。

(一)基本原则

国发 25 号文和国办发 43 号文对气象部门中央和地方财政事权界限划分基本清晰,存在的不足是,气象部门现有财政保障政策还不够明确、规范、具体,可操作性不强。为解决上述问题,建议以 1992 年以来国务院下发的文件为基础,按以下原则进一步完善气象部门财政保障政策。

一是充分体现财政保障政策制度化、规范化、具体化。贯彻落实十九届四中全会精神,按照推进国家治理体系和治理能力现代化要求,建立规范、明确、具体的气象部门中央和地方财政双重保障政策。

二是落实气象法由中央和地方财政预算支持气象事业发展的有关要求。充分体现气象事业公益属性,将气象事业纳入中央和地方同级财政预算,明确各级气象部门既是中央预算部门也是地方同级预算单位。

三是保障范围划分建议方案总体不增加地方财政负担。充分考虑地方财政特别是中西部地区财政支出压力大的情况,把需要和可能结合起来,明确财政保障政策。

(二)具体建议

以 1992 年以来的 3 个文件为基础,完善气象部门财政保障政策。依法强化气象部门的公益性属性,依法保障中央和地方财政对气象的投入,坚持中央政策中央财政保障,地方政策地方财政保障,强化政策的约束力和执行力,将地方保障责任明细化、具体化,经费渠道合法化。根据实际测算情况,提出中央和地方财政合理分担气象事业发展运行支出方案,商财政部同意后,推动出台气象部门经费保障实施办法。

一是明确中央财政和地方财政保障具体范围。按照中央出台政策中央保障、地方出台政策地方保障的原则,中央财政主要保障:国家统一制定标准的工资项目及相应缴存项目、公用经费以及全国统一布局的气象业务所需基建投资及业务经费等支出;地方财政主要保障:执行属地标准的工资项目及相应缴存项目,为当地经济建设服务建立的气象业务项目所需基建投资和有关事业经费。

二是调整地方财政经费投入结构。目前气象部门中央与地方财政保障比例约为 2∶1,按照气象部门中央和地方财政保障范围,为总体不增加地方财政负担,中央需向地方财政下划部分人员经费基数,地方财政相应调整对气象部门经费投入结构,调整后气象部门中央与地方财政保障比例约为 1.4∶1。

气象工作纳入地方政府绩效考核及部门综合考评专题调研情况报告

陈振林　张柱　杨革霞　刘岫清　汪青　丘昊

（中国气象局办公室）

为进一步了解气象部门综合考评工作在基层的实施效果，中国气象局办公室坚持问题导向，在分析总结解决形式主义突出问题专题调研发现的有关目标制定和考核奖励等方面问题的基础上，按照"不忘初心、牢记使命"主题教育的工作安排和有关要求，于2019年6—7月采取书面调研与实地调研相结合的方式，对气象部门综合考评体系及省级气象部门主要做法等进行专题调研。

一、调研基本情况

（一）各地气象工作纳入政府考核书面调研

自2011年国办33号文件明确将气象灾害防御工作纳入政府绩效考核实施以来，各地积极争取将气象工作纳入政府考核并取得良好成效。2012年开始，气象工作更大范围地纳入政府考核，且呈逐年递增趋势。按照局领导批示要求，办公室向各省（区、市）气象局发放调查表，对各地将气象工作纳入政府考核的成效进行摸底评估，并就存在的困难和问题征求意见建议。经统计分析，呈现如下特点。

1. 考核形式有三种，以作为考核对象为主

经统计，有27个省局作为考核对象纳入了政府绩效考核体系，占87%，由地方政府或相关部门考核气象部门。另外4个未作为考核对象的省局中，2个省局代表政府考核下级政府或其他部门气象相关工作完成情况；1个省局未直接参与考核，但有气象工作纳入政府考核下级部门的指标中；而仅有1个省局目前未以任何形式纳入地方政府考核。共有9个省局既作为考核对象也作为考核主体。

2. 考核内容多元，以加强履职做好气象服务为主

上述27个省局中，5个省无具体考核内容，但是地方政府认可中国气象局综合考评结果并给予政策或奖励支持；其他22个省考核内容设置较为多元，其中18个省的考核指标以气象服务保障、深化改革、气象防灾减灾为主，一些地方还将气象为农服务、气象预报预警、人工影响天气等纳入考核指标，还有部分省局根据实际设置共性目标和个性目标，将党的建设、精神文明建设、法治建设、信访维稳等作为共性目标。另有4个省只考核精神文明、综治、安全生产等专项工作。

3. 考核结果运用包括绩效激励和人员考评倾斜

27个省局中，有26个均有激励政策或经费支持。从激励对象上看，机关在编人员为100%全覆盖，直属单位在编人员约占70%，离退休人员仅占15%。从激励标准上看，最高相差近10倍，这与地方经济发展水平、地方政府政策标准以及各省局实际等有直接联系。一些地方还通过向基层一线和业绩突出人员倾斜、与个人考核结果挂钩等方式，充分发挥鼓励先进、关爱基层的激励作用。人员考评倾斜：部分地方政府根据年度绩效考核结果，支持对评优单位的个人年度考核优秀比例给予一定倾斜，提升3～5个百分点，2018年度有3个省局得到此类奖励。

（二）赴福建实地调研情况

调研组一行赴福建省各级气象部门，了解基层贯彻落实中国气象局党组决策部署情况和存在的难点问题,以及近年来部门综合考评体系改进后的实际效果,听取基层对不断改进的指标设置、修订的综合考评办法及"一票否决"实施方案等的意见和建议。

1. 综合考评体系改进取得一定成效

经调研,近几年精简考核指标、分级制定目标、提升"一票否决"门槛等改进举措得到了省局的好评。福建省气象局也据此完善其综合考评办法,并且参考中国气象局曾经实施的加分方案并给予保留,激励人才科技创新发展。

2. 目标管理"指挥棒"作用得到充分发挥

经调研,福建省气象局工作任务中基本覆盖了中国气象局下达目标内容,且相比基础工作目标,重点工作目标占比大幅增加,更加突出对落实重大决策部署和推动气象事业高质量发展各项工作的考核。

3. 重点工作加强提前谋划和督查督办

福建省气象局贯彻落实中国气象局党组决策部署和全省气象局长会议部署,年初迅速启动任务落实工作,及早谋划年度重点工作,每年在春节后第一个工作周召开省局年度重点工作报告会,各处室汇报年度重点工作计划,细化举措并落实到责任人。福建省气象局加强对年度目标任务的跟踪督办,在综合信息管理信息系统嵌入督办模块,通过在办公首页公开显示"红黄绿"三色亮灯标记,实现对各单位的目标任务的节点监控和在线提醒,督促各项目标任务有效执行。

二、调研发现的问题和征集的意见建议

(一)气象工作纳入政府考核推动难度较大

气象工作纳入地方政府考核工作在充分发挥政府主导作用、完善气象灾害防御组织体系方面取得了良好成效,同时能够填补气象部门综合考评体系经济激励空白,有效地缓解基层气象部门津补贴收入下滑压力。目前还存在如下问题:一是持续纳入政府考核依然面临压力。各地近年来不断改革绩效管理工作,精简压缩考核内容;有些地方政府将垂直管理部门纳入绩效考核的积极性不高。目前还有 4 个省局未纳入政府考核对象,已纳入考核的非牵头工作也存在取消的风险。二是推动气象事业高质量发展还不够。考核指标聚焦气象重点工作的覆盖面不广,目前纳入考核的指标仅有 18 个省涉及气象核心业务,在推动气象现代化和改革发展方面动能不足;指标设置统筹谋划不够,有些省局考核下级政府的指标依然局限于气象部门,而后又分解到市县气象部门,政府主导的有利作用没有得到发挥。三是地方政府激励保障不足。政府给予的政策支持与经费保障极度不平衡,绩效考核激励更大程度依赖于省局自筹资金,在创收普遍下滑的情况下,对部分省局绩效的发放造成了一定的压力。

(二)综合考评指标体系还需不断改进

近年来,中国气象局综合考评不断完善工作机制,根据实施过程中发现的不足之处及各单位反映的问题建议进行调整和改进,尤其是在目标制定过程中,大幅精简和凝练考核指标,经调研还存在以下问题。一是在"量"上还需进一步精简。与政府考核指标相比,气象部门综合考评指标体系确实更为细致、全面,更加体现了过程管理,但是相应也更加复杂。目标任务依然过多偏细,重点不够突出,大量常规工作被纳入考核范围,偏离了目标考核的重心。二是在"质"上还需下功夫改进。一些指标没有根据当年重点工作认真研究制定,目标内容甚至几年不变;个别指标制定中对实际情况了解不够,考核标准过于严苛,基层普遍反映几乎难以实现,进而导致虚报瞒报等问题。三是在"度"上还需适当把握。目标任务中规定动作多,目标宏观管理体现不够,省局创新方式方法的积极性受限。如中国气象局制定的一些指标一统到底,任务明确到县局,省局只能按照任务量层层下达。四是在"速"上还需加快节奏。中国气象局在每年 3 月底前完成工作目标印发,省、市气象局再层层制定延迟印发,有些市局 6 月还未将目标任务下发到区县局,严重滞后于实际工作,目标管理导向作用大打折扣。

（三）其他方面问题和建议

一是督查督办方式方法还不多。基层气象部门还没有建立规范的督查督办体系,缺乏相关工作机制和制度;督查以自查为主,缺乏实地督查和专项督查;督办多为线下纸质形式,批示事项及重大任务尚未开展线上督办,督办效率不高,缺乏工作留痕。二是为基层减负落实还不到位。基层气象部门接收文件量大,尤其是中国气象局文件布置的任务多,且临时任务、急件多,预留的办理时间少,加重基层负担。定密工作不规范导致涉密文件产量大,造成基层保密工作任务繁重。重复、多头报送材料问题依然存在,有的统计表格要求填报很多非必要的内容,一些灾情数据等基层气象部门并不掌握,敷衍了事、虚报漏报时有发生。落实解决形式主义突出问题要求不到位,一些目标考核内容仍要求基层定期报送总结材料,部分基层气象部门仍旧将是否获得领导批示作为考核任务。

三、下一步工作建议

（一）继续加大气象工作纳入政府考核力度

将气象灾害防御工作纳入政府绩效考核不仅是贯彻落实国办文件的要求,更重要的是体现气象部门双重财务领导体制的优势,也将是气象工作全面融入地方经济建设和社会发展的切入点。中国气象局将继续全力支持各省局纳入地方政府绩效考核。一是争取高位推动。利用省部合作联席会议机制,加强省部级层面的沟通交流,加大协调推进力度,积极争取当地党委政府及相关部门对气象绩效考核工作的大力支持。通过组织座谈、相互取经等方式,积极推广各地成功经验,鼓励相互借鉴学习,并在与地方政府的日常联系,联合组织活动等方面给予省局积极的支持。二是准确把握机遇。各地气象部门根据当地防灾减灾工作实际,以成功应对各类灾害突发事件、全力做好防汛抗旱各项工作、有效组织地方重大活动气象保障、服务地方经济社会发展等为突破,加强与省政府的汇报沟通,努力将当地气象工作尤其是防灾减灾工作纳入政府考核。同时做好政策铺垫,积极争取政府力量完善气象灾害防御各项规章制度。三是科学设定指标。纳入考核单位积极参与指标制定,在承担考核主体责任中,以推动气象事业发展为目标,综合考虑目前自身发展存在困难,将积极争取项目资金、组织机构编制等方面支持纳入考核指标内容。四是激励优秀。认真学习领会《党政领导干部考核工作条例》精神,强化考核结果运用,鼓励先进、鞭策落后。

（二）持续改进完善综合考评指标体系

对基层反映的考评烦琐等问题经过深入调研分析发现,主要是基层对中国气象局下发的考核文件还没有完全了解,把一些业务管理职能部门临时布置的填报任务也当成年度考评工作,还有就是管理单位在具体分解考核任务时,没有充分考虑到基层实际和工作需要,类似基层信息员必须填报婚姻状况此类对气象工作既无必要又增加工作负担的情况还时有存在。尽管综合考评指标体系经过多年改进取得多数认可,但对照基层的合理诉求,仍有完善的空间。一是把"量"减下来。在年度目标设置中统筹集约考核指标,删减常规工作和日常工作,能合并的进行合并,对于确有需要保留的降低其分值,整体压缩基础工作的比重;重点工作进一步突出在落实中国气象局党组发展战略和重大任务的目标设定,对于创新性工作予以分值倾斜,凸显围绕党组重点工作抓落实、抓考核的指挥棒作用。二是把"质"提上去。加强与各内设机构的沟通协调,认真研究制定考核指标并且进行统筹审核把关。考核指标充分体现履职和质量导向,减少无实质意义的过程性考核,强化对业务服务质量和效率的考核;评分标准尽可能量化简化、可操作性强,避免出现考核标准不清晰的弹性目标,同时充分考虑基层工作实际,对完成难度过大、基层反映强烈的目标任务降低其评分标准,充分体现出目标考核的导向和激励作用。三是鼓励各单位创新性发展。进一步加强考核指标的差异化设置,同时优化目标管理模式,中国气象局层面尽量不对市县设置考核指标,给予省局一定自由发展空间,引导各单位贯彻新发展理念,根据地方实际创造性开展工作,激发基层创新活力。四是加强目标考核全过程管理。年初中国气象局尽快制定印发目标考核文件,指导督促省局及早谋划制定省级考核指标,并对各级气象部门目标考核文件制发进度提出明确要求,推动部门综合考评工作及早开展。认真做好年度目标任务中期调整及年底综合考评各项工作。

（三）认真做好为基层服务各项工作

按照主题教育整治内容,已制定印发《解决形式主义突出问题为基层减负工作方案》。一是进一步统筹做好部门督查检查考核工作。通过严格发文审核、日常督查等加强对督查检查考核工作的分类管理,确保年度督查检查考核工作按计划执行,督查考核成效在改进工作进展和解决突出问题中得到充分体现。依托新版办公系统升级督查督办模块并努力延伸到省级气象部门,大力发展"互联网＋督办"。全面摸排各内设机构签订责任状事项,对于没有规定自行为免责而签责任状等情况坚决予以清理。二是进一步落实为基层减负工作。在年度考核指标制定中减轻基层上报材料负担,指导各级气象部门删减报送工作总结、获得领导批示等相关任务,多采用客观且信息系统能快速抓取的指标。在新版办公系统中增加信息共享模块,建立数据报送通报和共享机制,减少多头要数据、重复报数据现象。除特殊紧急任务外,尽可能多给基层预留办理时间,尽量简化材料报送内容形式。加强定密人员培训与管理,确保文件定密准确规范,减少不必要的涉密文件,减轻基层涉密文件管理负担。

2020年气象类专业毕业生就业意向调研报告

林巧　乐青　蔡金玲

（中国气象局人才交流中心）

人才资源是第一资源，气象类毕业生招聘是全国气象部门补充人才资源的主要渠道，做好气象类毕业生招聘工作是气象人事部门重要的基础性工作。为扎实做好气象部门人才招聘服务，切实发挥连接气象人才供需双方的桥梁纽带作用，人才交流中心向"中国气象人才培养联盟"20余所院校的2020年气象类专业毕业生开展就业意向调研，为各级气象部门有针对性地开展毕业生招聘工作提供参考。

一、气象类专业毕业生概况

本次调研共征集18所高等院校、2所科研院所、2所高等职业技术院校26个专业的2020年气象类专业应届毕业生信息，共3576人（其中包括定向、在职生源）。其中，男生1712人，女生1864人，男女比例基本持平。

（一）学历分布

在学历层次上，呈现中间高、两边低的态势。博士研究生共320人，占总体的9%；硕士研究生共751人，占总体的21%；本科毕业生共2183人，占总体的61%；大专毕业生322人，占总体的9%。从各学历层次毕业生性别来看，大专学历男女比例为1.7∶1，硕士研究生学历男女比例为0.6∶1，而在本科和博士研究生层次则男女生总数较为持平。

（二）专业分布

今年各高校填报的气象类专业共26个，主要集中在教育部设置的四个专业上，大气科学、应用气象、气象学和大气物理学与大气环境专业人数共3067人，占所统计人数的86%。

本科阶段开设两个专业，以大气科学为主，有1895人，应用气象学为288人。大专的四个专业中大气探测技术的人数最多，有139人，其次防雷技术72人，大气科学技术69人，应用气象技术最少，为42人。研究生的专业分布以大气科学、应用气象学、气象学和大气物理学与大气环境四个专业为主，其他各高校自主设置的18个专业分布则较为分散。硕士研究生中数量最多的为气象学有288人，其次为大气科学168人，大气物理学与大气环境104人。博士研究生人数最多的也是气象学，有134人，其次是大气物理学与大气环境68人，第三是大气科学46人。

（三）院校分布

从毕业生数量上看，南京信息工程大学和成都信息工程大学两所传统气象高校占有数量优势。南京信息工程大学毕业生数量达1158人，占所统计毕业生总量的近三分之一；成都信息工程大学的毕业生人数有501人；兰州大学排第三，有253人。从毕业生培养层次看，中国科学院大气物理研究所以培养博士研究生为重点；中国气象科学研究院、清华大学以培养硕士研究生为重点；综合类重点大学本科、硕士、博士研究生都培养。从各院校设置专业情况看，南京信息工程大学、成都信息工程大学两所院校以大气科学、应用气象学、气象学专业为主，开设的气象类相关专业也较多；北京大学、南京大学等综合类重点大学则仅开设大气科学、气象学、大气物理与大气环境专业；中国农业大学、沈阳农业大学、中国民用航空飞行学院则以应用气象学专业为主。

(四)生源地分布

在生源地统计上，院校所在地的生源优势突出。生源超过 200 人的主要有江苏、四川、甘肃、广东等四个省份。本科生源排名前三的省份分别是广东（212 人）、四川（190 人）和江苏（165 人）。硕士生源中江苏独占鳌头，有 165 人，第二名四川有 68 人，第三名山东有 45 人。博士生源较多的省份则是江苏（72人）和山东（33 人）。专科的生源集中在甘肃（165 人）和江西（69 人）。

二、气象类专业毕业生就业意向调查分析

本次就业意向调查采用线上发放调查问卷的方式收集数据，共收到来自南京信息工程大学、成都信息工程大学、中山大学、南京大学、北京大学等全国 18 所高校毕业生的 1039 份有效问卷。参与本次问卷调查的毕业生，按性别划分，男生占 38%，女生占 62%；按学历划分，大专占 6%，本科最多，占比 78%，硕士研究生占 13%，博士研究生占 3%。问卷填写人员的结构比例与毕业生实际结构比例相近，因而本次问卷填写样本具有较好的代表性。

(一)毕业生就业意愿较低

参与问卷调查的毕业生仅有 42% 选择毕业以后就业，较去年下降 10%。52% 的毕业生选择考研考博，较去年上升 14%。值得注意的是，不同的学历(位)层次的学生在就业意愿上差距较大，本科选择就业的比例仅有 29%，而硕士和博士分别为 89% 和 91%。在准备就业的学生中，60% 的学生认为如果不挑剔，就能找到工作；13% 的学生认为如果充分准备，就能找到满意的工作。从整体看，大多数学生对自己能否顺利就业还是保持比较乐观的心态。

调查结果显示，关于影响个人就业的最主要因素，选择最多的前三项分别是：个人综合素质(66%)、实践或工作经验(64%)、专业对口(63%)。与此相对应，在关于求职的过程中认为自己最具竞争实力的回答中，选项最高的是个人综合素质，占比 58%。这说明毕业生普遍对自身的综合素质比较注重、有信心，一定程度上也解释了他们就业的乐观心态。

(二)毕业生择业时最看重薪酬

毕业生在择业时优先考虑的因素是薪酬待遇，占总数的 77%，其次为工作环境(67%)和发展机会(57%)。在期望的月薪方面，最能被学生接受的工资范围是 5001～8000 元，占比 46%；排在第二位的是 8001～12000 元，占比 24%；位列第三的是 3001～5000 元，占比 18%。还有 11% 的学生希望能达到 12000 元以上，而能接受 3000 元及以下工资的学生不到 1%。

(三)毕业生就业部门首选气象部门

在单位的首选类型中，超过 30% 的毕业生选择事业单位，其次是学校及科研院所(24%)和政府机关(23%)，而首选私企或外企的人数只有 5%，毕业生趋向选择稳定的单位。气象行业是气象类专业毕业生的理想工作行业，有 91% 的学生选择。值得注意的是航空行业和环保部门也受到毕业生的青睐，分别有 61% 和 46% 的毕业生选择。

(四)毕业生就业地区首选发达地区

调查显示，有六成以上的学生选择东部大中城市就业，其次是北上广深等一线城市。从整体结果来看，学生就业城市还是偏向发达城市，县级以下城镇的选择偏低，特别是中、西部县以下城镇，选择的比

例一共只有 7%。这也与学生最关注薪酬待遇和高工资期望相符。学生选择东部大中城市就业的原因除了当地的工作待遇好外,还因为有较大的发展空间以及是出生、居住所在地。

(五)毕业生获取就业信息着手早,途径多样

在受调查的毕业生中,超过一半在毕业前一年就开始关注招聘信息,还有 21%的学生刚入校就已着手准备,说明现在的学生就业意识非常强。毕业生获取招聘信息渠道最多的是学校就业指导中心(66%),然后是招聘会/校园宣讲会(49%)和专业招聘网站(39%),其余还有从导师或亲戚朋友推荐和微信公众号获得的招聘信息。在获得就业信息的方式中,学校就业网(73%)和气象人才招聘网(53%)远超其他专业招聘网站。由此可见,除了本校就业网站,气象人才招聘网是气象类专业毕业生关注度最高的招聘网站。

(六)毕业生在气象部门求职有困扰

超过半数的毕业生表示对岗位工作不了解是求职时遇到的主要困难。就业信息量少(48%)、缺乏实践和工作经验(45%)、对职业发展路径不了解(41%)也是困扰毕业生的主要问题。在开放性问题中,部分毕业生对气象部门招聘工作提了一些建议,主要包括多举办招聘会和宣讲会、加大宣传力度、提高工资待遇、减少学历要求虚高现象、统一招考、公平公正、细化招聘要求。

三、气象类专业毕业生招聘工作存在问题

结合气象类专业毕业生信息统计和问卷调查结果,总结出以下几个方面的问题。

(一)气象类专业毕业生数量供不应求

近几年,气象部门每年毕业生招聘需求计划都在 2000 人左右,其中 60%的岗位需要气象类专业毕业生。而全国每年气象类专业毕业生有 4000 人左右,其中 42%的学生选择就业,即每年选择就业的人数只有 1700 人左右。需求单位除全国气象部门外,还包括民航、农业、海洋、森林、盐业等其他行业机构以及社会气象服务机构,特别是民航部门近年来对气象类专业毕业生的需求量剧增。气象部门用人单位在气象类毕业生招聘工作中面临着较大压力,供需矛盾较为突出。

(二)气象部门招聘呈现区域性失衡

问卷中毕业生表达了非常高的到气象部门的就业意愿,但全国气象部门每年接收气象类专业毕业生的人数低于实际招聘需求数量,不少用人单位存在气象类专业岗位空编现象,中西部偏远地区和艰苦台站尤为严重。超过一半的毕业生选择在东部大中城市、北上广深等一线城市就业,选择到中、西部县以下城镇就业仅占 7%,造成招聘季几家欢喜几家愁的分化局面。

(三)气象部门与毕业生之间信息不对称

单位和毕业生信息不对称,用人单位和毕业生之间互动较少,缺乏有效沟通途径。问卷显示毕业生对气象部门招聘最为困扰的是对岗位工作缺乏了解,如招聘岗位职责、能力要求和职业发展路径等内容。29%的被调查毕业生提出对气象部门招聘工作流程不了解,而按照规定,应聘人员资格条件、招聘办法、程序和时间安排是招聘公告的必备内容,这说明气象部门对高校毕业生招聘宣传工作有待改进。

四、气象类专业毕业生招聘工作改进建议

(一)加大面向高校毕业生的宣传力度

气象部门应加大对高校的宣传力度,让毕业生充分了解气象部门相关招聘信息。扩大宣传范围,如到各高校举办招聘会或宣讲会,提供学生与用人单位沟通的途径;使用传播速度快、范围广的微信、微博公众号等各种新媒体网络传播方式,让毕业生多途径、及时充分了解气象部门相关招聘信息。

(二)引导教育部门适当增加招生数量

气象部门作为气象行业的主管机构,应对气象行业未来人才需求进行科学预测,定期发布大气科学类专业人才需求预测报告,加强与教育部门沟通,引导教育部门适当增加大气科学类专业的招生数量,优化招生计划在各省的比例。

(三)优化人才政策

气象部门应适当提高个别区县级气象部门的待遇水平,尤其是艰苦台站,满足毕业生的基本生活保障需求。此外,要推出良好的人才发展政策,用良好的发展环境留住人才。中西部或偏远地区的气象部门,加强职业技能培训,让毕业生有明确的五年或十年的职业生涯规划,明确自己的岗位目标,确立职业信念,弘扬气象精神。

(四)加强局校合作力度

加强与有关高校的合作力度,促使高校调整招生区域结构。同时,还可与有关高校开展联合人才培养,如与大学生在大一、大二年级时签订合作协议,定向培养、定向就业,尤其招聘难度较大的地区,可与学校协商提前介入学生教育培养工作,宣传地区人才政策,将个人职业生涯规划与气象事业发展现实需要结合起来,着力引导大学生进行自我合理定位。

西藏全面推进气象现代化调研报告——问题与思考

张洪广　吴乃庚　陈鹏飞　林霖　王喆

（中国气象局气象发展与规划院）

"不忘初心、牢记使命"主题教育期间,原发展研究中心调研组深入西藏气象部门,采取实地调研、查阅文件、座谈交流和个别交流等方式,调研2个市局、5个县局,听取自治区科技厅、农业农村厅、自然资源厅、交通运输厅等8家单位的意见,同自治区气象局领导、相关单位负责人座谈,就西藏全面推进气象现代化开展了深入调研,形成如下分析与建议。

一、全面推进西藏气象现代化具有重大的战略意义

从政治的高度看,很重要。习近平总书记在第六次西藏工作座谈会上指出"西藏工作关系党和国家工作大局"。做好西藏工作对维护祖国统一、促进民族团结、反对分裂、巩固党的执政地位和中国特色社会主义制度具有特殊重要的战略作用。

从科学的角度看,很关键。青藏高原称为"世界的第三极"。做好西藏气象工作,不仅是研究和把握全球气候变化规律的迫切需要,也是保障西藏经济社会发展和长治久安的迫切需要。西藏的地理位置与战略定位,决定了西藏气象工作具有特殊重要性,它不但与西藏的稳定与发展紧密相连,也与全球气象发展有着极为密切的关系,直接影响到全国气象事业的发展。

从发展的方位看,很紧迫。按全国气象现代化评估结果看,西藏是全国唯一一个没有达到基本实现气象现代化目标的省份。到2020年实现全面推进气象现代化的基本目标,一个也不能少,这是全国气象部门必须承担的历史使命。

二、西藏全面推进气象现代化存在的一些突出问题

(一)西藏气象发展的功能定位问题

什么样的定位决定了什么样的发展方向。2012年和2018年,西藏自治区人民政府和中国气象局分别签署了省部合作协议,对西藏气象发展进行了全景式的功能定位。但在业务管理与指导过程中,考虑到西藏工作环境艰苦,职能管理部门极易将西藏气象发展的功能定位于传统的基本气象观测,而忽视西藏气象服务保障的功能。

(二)西藏全面推进气象现代化的突出问题

一是气象基础设施建设仍待加强。站点稀少是制约西藏气象业务服务能力提升的瓶颈之一。目前功能型县局的业务服务能力参差不齐,部分基层台站的综改仍未完成,农牧业气象基础设施条件较差,无人区观测站网建设、维护、数据传输等方面有不少困难,职工工作生活条件相对较差,环境依然十分艰苦。二是气象预报预警业务能力有待加强。预报预警业务能力的强弱是综合因素影响的结果。一方面,西藏气候地理环境差异大,客观上造成西藏自身的观测站网布局、信息化、人员等诸要素配置具有难以克服的障碍。另一方面,全系统适用于青藏高原"世界第三极"预报预警的技术方法与成套体系较少,制约西藏气象预报预警能力的提升。三是气象核心业务科技水平亟待提升。西藏气象科技创新能力仍

然较弱,支撑气象预报预测、公共气象服务等主要业务的关键技术发展滞后,气象预报预测的精细化水平和精准率不高,气象服务的针对性、多样性和科技含量与日益增长的服务需求有较大差距。

(三)基层反映的突出问题

调研发现,人才队伍问题是困扰西藏气象现代化的关键问题。

一是气象人才队伍的基础支撑薄弱。首先,岗位编制紧缺,人才队伍规模不足。由于历史原因,西藏县局(站)人员编制与其他省份相比偏少。随着观测自动化的推进和基层气象业务的转型发展,基层气象服务需求不断提升,除了基本的观测业务,大部分县局都开展了农牧业、防灾减灾、旅游气象等各种形式的服务,并且具有较大的发展潜力。其次,人员队伍整体素质亟待提高。日益增长的基层气象服务需求,对干部职工的素质提出更高要求,但市县局普遍缺少预报服务、农气服务等专业人员,关键岗位人员青黄不接,专业技术人员紧缺。高学历人才引进难,一些地区近10年关键岗位上没能引进应届气象专业毕业生。第三,人才培养乏力。西藏气象专业技术人员缺少有针对性的教育培训,另外在异地培训时,由于西藏人员在低海拔地区"醉氧",普遍不能适应与其他省份人员相同的培训强度,使得培训效果大打折扣。第四,人才队伍民族结构达不到要求。山南的错那、隆子两县在编气象职工全部都是藏族,林芝的朗县(新建功能县局)也全部是藏族。整个山南气象职工汉藏比例为1∶14,山南市气象局班子成员除援藏干部外全部是藏族,都远未达到3∶7的要求,导致基层的班子成员难以配齐。

二是基层干部职工非气象主业任务和负担过重。西藏基层干部职工在做好气象主业和本职工作之外,还承担了大量的驻村、扶贫、维稳等地方党委政府安排的任务,责任重且难、工作多而杂。这导致了基层干部职工忙于应付上级和地方交办的各项任务,必然分散气象主职主业的时间与精力,用于钻研的时间不足,极大程度上限制了基层气象现代化的推进。

三是经费保障投入缺口较大,主要体现在观测站建设维护经费不足上。西藏观测站乡镇覆盖率较低,目前正在大力推进乡镇无人自动气象站网的建设。由于西藏特殊的地理条件,其建设和维护成本较高,目前的台站建设经费(4.2万元/站)不能满足西藏台站的建设维护任务。其根源在于全国"一刀切"的建设投入标准,并没有考虑西藏建设成本巨高、维护成本巨大的客观实际。

四是同城不同待遇影响干部职工稳定。多数台站地处高寒、高海拔和偏远地区,气候条件以及职工生活、工作条件相对较差,职工的身体健康状况普遍不佳,干部职工想参照地方政策申请提前退休、享受边境补贴,但因气象部门垂直管理,无法执行。

三、推进西藏基本实现气象现代化的思考与建议

(一)转变西藏气象发展的思路

重新审视西藏气象发展的功能定位。将西藏地区打造成全球大气科学的研究高地,将西藏气象打造成西藏地区经济社会发展的安全屏障,将西藏基层气象台站气象业务从以基本观测为主打造成监测预报预测一体化高质量发展的业务,将西藏气象打造成艰苦条件下全国推进气象现代化的典范。

建立起"提质、增效、减负、革弊、赋能、添力"的发展思路。一是提质,提升气象预警预报质量。结合西藏气象观测的薄弱环节和关键区域,用最先进的技术、最好的装备优化西藏气象观测布局;联合高水平的国家级气象科研院所,持续开展高原科学观测试验和科学研究;联合最高水平预报技术单位,开展高原气象核心预报技术能力攻关。二是增效,增强西藏智慧气象服务水平和效益。面向西藏地区经济社会发展和趋利避害需求特点,结合现代气象监测预报能力提升和服务手段发展,开展气象服务供给侧结构性改革和基于影响的专业化气象服务技术研究。三是减负,减轻基层台站工作人员的劳动负担。减轻基层台站工作人员的实际工作负担与心理负担,让西藏艰苦地区基层工作人员可以安心、专心、舒心、顺心地开展气象工作。四是革弊,革除不适于现代气象业务发展的思想观念与体制机制弊端。改变

过往对西藏气象发展的思维定式,考虑西藏的特殊重要性,通过体制机制的改革,建立更加适应艰苦气象台站工作的针对性政策。五是赋能,赋予基层气象台站开拓创新能力。以现代化气象技术和信息技术赋能,以上级部门技术指导和科研带动赋能,以资源调配和政策跟进赋能,让基层台站做其所应做、做其所能作之事。六是添力,增强基层干部职工干事创业的活力与动力。配置好各种资源,激活基层"小实体",促进气象事业更好发展。让基层台站工作人员参与高原科学观测和资料分析研究。同时也可以考虑建立在藏工作满 30 年、40 年的气象工作者荣誉制度。

(二)补足西藏气象现代化的短板与弱项

首先,夯实基础,完善气象观测站网建设。一是着力重点地区、重要气象要素地面观测多覆盖。对接国家与自治区战略安排,完善天气系统发生发展关键区和气候变化敏感区的站网布局,完善偏远地区、边境地区、无人区等气象观测站建设,填补气象观测盲区。争取实现与现有 C 波段天气雷达组网观测。二是加强与其他行业部门的合作共享。不断完善生态、交通、国防气象观测站网布点,在国道、省道重要路段建设交通气象观测站,以提高交通气象灾害的应急处理能力。三是争取气象基础设施建设的多元投入。争取中国气象局、地方财政和援藏单位的经费投入与设备及人力支持,充分用好"三农"气象服务专项和山洪地质灾害防治气象保障工程经费,完善气象基础设施建设。另外,通过省部合作新建的县气象局,其软硬件条件均需通过多种手段加强和提升,从而有效提升西藏县局基层服务能力。

其次,集中攻关,提高气象预报预测水平。一是推进以智能网格预报为基础的预报业务。推进建设卫星、雷达、自动站和其他探测资料并重的预报业务体系。利用援藏或局校合作等方式开展推进智能网格短时临近预报业务系统研发。推进智能网格客观化气候监测预测业务,开展西藏本地的客观化气候监测预测系统建设,使用 CIPAS 系统增强本地气候监测与预测的能力。通过与西南区域气象中心合作,加强资料同化和数据融合技术应用,推进智能网格实况融合分析产品精度。二是完善模式产品释用和评估工作。联合各方力量,研究复杂地形条件下多模式权重预报方法,开展要素预报释用技术,卫星反演资料特别是云降水模拟技术的释用。集中力量攻关复杂地势条件下的中尺度模式产品降尺度处理和解释应用效果不理想问题。三是建立基于多模式的集成预报产品。利用多模式产品对高原不同地区预报的优缺点,积极开展气候预测精细化格点技术研究和 DERF 延伸期预报数据应用,对气候预测和气候系统模式的误差及其稳定性进行检验。

第三,创新驱动,提升气象科技创新能力。一是继续推进科技创新体制改革。主动对接国家和地方中长期科技发展规划,深化西藏高原气象科研机构改革,统筹配置科技资源,充分有效地利用人工智能、大数据等现代信息技术,把有限的资源和力量投入到核心业务服务能力的提升上。二是加强高原气象基础理论研究和核心技术攻关。着力加强西藏高原天气机理和气候变化基础研究;加强数值预报和多源资料融合技术在气象预报预测业务中的应用研究;加强数值预报产品释用、智能网格精细化预报和强对流短时临近预报技术研究;加强交通旅游等个性化、分众化的气象服务产品制作关键技术研发和智能化推送应用技术研究。三是加强与相关部门的科技合作。加大与相关科研院所的合作,建立良好的科研协作关系。积极组织参与第二次青藏高原综合科考和第三次青藏高原大气科学试验,继续提升气象科技创新能力,实现西藏高质量和高效益推进气象现代化工作。

(三)解决基层反映的突出问题

对于基层反映的关于人才、投入、政策执行等方面的突出问题,着力从以下几个方面研究解决。一是积极研究西藏县局(站)编制问题。充分考虑基层气象预报服务需求变化,适当增加基层气象部门人员编制,与其他省份标准一致。另外,鉴于西藏地理和民族的特殊性,增加编制体现了党对西藏改革发展稳定的政治责任。二是精准制定和实施人才政策。第一,实施精准对口帮扶,选调一些西藏急需的专业技术人才。第二,帮助、鼓励和带动基层台站人员积极参与各项科学研究、发表论文,提升科研活力,助力个人成长,减轻心理和精神负担。第三,提高培训的针对性,培训机构应专门针对西藏高海拔地区人员,制定相应的培训标准和培训内容,以适应实际情况。三是适当提高台站建设维护经费额度。考虑自然环境、人力资源的特殊性,在自动站建设时应尽量选用好用和耐用的设备,提升装备的稳定性和可靠性,减轻维护成本和人员维护压力。四是创造条件鼓励落实地方政策。针对同城不同待遇的突出问题,积极研究落实地方好的政策,适当加大政策倾斜力度,维护西藏气象干部职工总体稳定。

(四)实施精准援藏

转变援藏理念,着眼于全面推进西藏气象现代化建设的实际,实施精准援藏。一是项目援藏。将项目资源往西藏与第三极研究方向倾斜,解决好西藏气象现代化发展过程中的"卡脖子"问题。二是科技援藏。以实际业务运行人员学懂弄通运用机理,并独当一面为标准,设计科技援藏工作时间,确保"传帮带"真正到位。把援藏工作纳入国家级业务单位的现代化指标体系。三是人才援藏。适当调整援藏人员队伍结构,突出科技人才支持,增加高层次专业技术人员比例,提高人才援藏的针对性以及工作效率和效益。四是智力援藏。发挥好智库作用,加大对西藏气象事业发展战略与政策的智力支持。

(五)提前谋划西藏气象发展

进一步把西藏气象工作纳入全国气象发展大局,加强对西藏气象事业发展规划的指导。一是推动中国气象局召开西藏气象现代化专题会。认清形势,立足实际,理清西藏自身发展优势,找准制约西藏区、地、县三级气象现代化协调发展的短板。二是谋划好西藏自治区"十四五"气象发展规划。争取在第七次西藏工作座谈会之前,做好西藏自治区"十四五"气象发展重大问题研究。争取将西藏气象发展的内容写入西藏经济和社会"十四五"规划纲要,争取与自治区发改委联合发布"十四五"规划。三是做好西藏事业发展的政策研究和政策解读。要加强西藏特殊的财政政策、人才政策、技术政策研究,为西藏气象事业发展和现代化建设提供有力、管用的好政策。也要在西藏气象部门广泛宣传党中央支持和帮助西藏经济社会发展和长治久安的一系列方针政策举措。同时,也要深入解读中国气象局党组关于气象改革发展的政策文件,做好政策沟通,使西藏各族气象干部职工在推进西藏气象现代化建设和确保西藏气象事业改革发展稳定上知做、会做、能做。

关于加强民主集中制建设专题调研报告

张晶　刘怀玉　齐文明　张冀　梅达芹

（河北省气象局）

结合"不忘初心、牢记使命"主题教育关于检视问题和深化调查研究的安排,聚焦全省气象部门少数领导班子存在的淡化或忽视民主集中制建设,部分领导班子存在的贯彻落实民主集中制不规范、不到位、不彻底等突出问题,成立调研组开展了专题调研。

一、调研基本情况

河北省气象局党组高度重视此次调研工作,提早谋划、细致安排、多方部署,力求准确、全面、深透地了解情况,切实取得调研实效。从调研准备来看,2019 年 1 月,省气象局党组即召开会议部署;3 月,印发各市气象局和直属业务单位领导班子专项考核方案;6 月,调研组有针对性地制定了实地调研计划和访谈提纲。从调研方式来看,本次调研采用电话采访、实地走访、问卷调查及干部座谈等形式进行。从调研对象来看,调研组坚持深入实际、深入基层、深入群众,力争整个调研过程全面而突出重点。从调研内容来看,实地察看了会议记录和会议纪要,重点了解了市气象局对于议题报批、上会材料准备、会前沟通、会议纪要形成等落实情况,以及民主集中制执行过程中的经验、做法及存在的问题。

二、调研发现的突出问题

近几年,各级领导班子高度重视民主决策机制的改革和完善,民主决策意识不断增强,决策的科学化民主化水平不断提高。但从实际情况看,全省各级气象部门在贯彻民主集中制的实践中还存在一些不健全和不完善的问题。

(一)在民主集中上,没有正确处理好民主集中与增进团结的关系

民主集中是集体领导的具体实践过程,是科学决策的根本保证。在实际工作中,有的班子主要负责人不讲民主。少数单位主要负责人习惯以老大自居,把领导班子集体研究重大问题的会议,开成安排部署工作的行政会议;有的"三重一大"问题决策走过场,对人事、项目等议题经常先定调后讨论,甚至不经过民主充分讨论和科学论证就拍板定案,个人说了算。有的班子成员不善民主。部分领导干部缺乏担当精神,议事随大流,不提出自己的见解和建议,对错误决策不表态、不抵制,遇事互相推脱,或者对自己有利的就态度积极,否则就被动消极;有的领导干部将分工看成是一种权力划分,把自己分管的工作当成"自留地",对相关情况,既不主动向党组(班子)汇报,也不跟班子成员通报,民主集中制形同虚设。有的班子"过度"民主。有的借口集体负责,不管大事小事、不管自己权力范围内能否决策,都要集体研究。如某局几千元的支出、1 万余元的正常办公印刷费用都要上会,每次办公会议题多达 10 余个;个别一把手优柔寡断,过度民主,经常造成集中决策议而不决;有的单位回避制度执行不严格。

(二)在个别酝酿上,没有正确处理好个别酝酿与会上讨论的关系

个别酝酿是科学决策的必要途径和重要方法,但在具体操作中容易被忽视或变味。在实际工作中,有的对个别酝酿认识和理解不够。有的班子成员认为反正会上要讨论,个别酝酿可有可无;有的怕麻

烦,不愿意搞个别酝酿;有的酝酿不充分,只在一些意见相近的局领导之间沟通,形成变相的少数说了算;有的流于形式,酝酿的时间短促,简单打个招呼了事,影响了民主意见表达和集体决策的质量。调研中个别市局班子成员表示,经常直到上会才知道要议什么。有的把个别酝酿搞成个别授意。班子主要负责人与班子成员之间、成员与成员之间不是以交流式、探讨式、沟通式的方法交换意见,而是硬性压服,强求一致。为了实现个人的意图,把酝酿变成了开会前定调、讨论前定音、决策前定局。有的对会上讨论存在认识误区。有的简单地认为只要是大多数人的意见,就是正确的,少数人的意见就是不对的,不敢反驳和坚持真理;有的把少数服从多数当成是简单的"服从",必须和"一把手"书记站在"一个队列里",时刻揣摩"一把手"的意图进行决策;有的会前"酝酿"过度,会议直接开成了"举手表决会",无会议讨论过程,流于形式。

(三)在会议决定上,没有正确处理好会议决定与监督落实的关系

会议决定是集体领导的实现形式,是决策落实的过程。实际工作中,有的会议决定事项与会议纪要不匹配。有的党组会、局务会或专题协调会结束后,所研究决定事项仅记录在会议记录本上,没有按程序形成正式的会议纪要,或者只挑部分自认为重要的议题出纪要;有的单位会议纪要找不到与之对应的会议记录;有的单位存在后补记录,假装开会研究过这些问题,甚至在这次突击检查各处室处务会记录本时,发现个别处室"临时抱佛脚",大补特补。有的会议决定事项监督落实不力。有的会议决定事项考虑不充分、不全面,甚至未明确具体分管领导、承担单位、具体标准和完成时限,导致无法抓好落实;有的虽然明确了工作机制,但没有很好地抓监督落实,执不执行不清楚,执行环节不过问,执行效果不知道;有的缺乏人、财、物的重大决策的监督和回避规定;甚至有的会议纪要只做存档用,不印发、不执行、不督办。有的上级指导与本级落实结合不到位。有的直属单位、内设机构对省局检查处务会记录发现的问题不整改、不落实,屡查屡犯;有的处级班子各自为政,对上级指示不传达,对班子内部不通气、对手下职工不指导;有的市局几乎从未对县局集体决策情况进行专题指导、抽查检查。

(四)在制度落实上,没有正确处理好程序执行与规范管理的关系

规范管理是抓好民主集中制的根本保证。一些单位贯彻民主集中制之所以不够有力、推进科学决策不够有效,与民主集中制贯彻落实的机制尚不健全不无关系。实际工作中,有的会议记录、纪要不规范。有的单位没有专用记录本,有的党组会、局务会、办公会、座谈会等各种会议记录混记;有的会议记录要素不完整、不准确;有的会议纪要不规范;有的单位党组会与局长办公会议题、记录完全一样;部分单位的发言记录体现不出议题汇报单位、汇报人汇报内容、局领导发言顺序、一把手末位表态等。有的会议程序不规范。有的单位会议召集经常临时起意、想开就开;有的没有统筹安排,某单位一年召开10次办公会,1次仅有1个议题,有的内设机构每2个月才召开1次处务会议;有的主管局领导或议题相关处室会前未与其他班子成员、列席处室做好充分的沟通和准备,造成会议流于形式或议而不决;有的主要负责人履行末位表态制的时候,发言模棱两可,决议表态不鲜明,记录人无法形成会议纪要;有的重大决策事项如人事任免等,前期会议未体现动议、考察等必要决策过程,1次会议直接形成最终决议。有的会议内容不规范。如有的市局规定"重大专项资金安排"需上会,缺乏既"定性"又"定量"的规定,在实际决策时很难操作;有的对上会类型把控不准,经常局务会、办公会、党组会混开,想起哪个记哪个;有的把会议开成了"资金支出会""人事任免会",全年几乎未专题研究过贯彻执行上级决策部署、党的建设、党风廉政建设、意识形态工作、思想政治工作、风险防控、依法行政和精神文明建设等方面的重要事项,即便研究,也仅仅是传达上级部署,缺乏本级的具体贯彻落实措施。

群团工会组织的会议制度执行,也不同程度存在上述问题。

这些问题,不仅会造成决策失误,在一定程度上还会影响其他班子成员的工作积极性,有的还会影响班子的和谐和单位全面建设的大局。

三、对正确把握贯彻民主集中制的建议

贯彻落实民主集中制是一项复杂而长期的工程性任务,既要解决好制度层面的规范性问题,又要重视解决好落实制度主体的思想、组织、能力、作风方面的问题。

(一)掌握贯彻民主集中制的核心要义

作为党员领导干部,只有强化新思想理论武装,认真抓好自身的理论修养、思想作风建设和能力建设,才能为贯彻民主集中制奠定坚实基础,进而提高贯彻民主集中制的质量效果。

围绕一个目标:科学民主决策。党员领导干部要切实做到"两个维护",认真贯彻执行民主集中制的内在要求,确保党的集中和统一的根本组织纪律有效落地执行,确保集中决策科学、民主。

攥紧一个关键:提高综合素养。党员领导干部要下功夫理解和把握习近平新时代中国特色社会主义思想所蕴含的马克思主义立场、观点和方法,培养战略、历史、辩证、创新、法治、底线思维能力。

建强一个保证:增强党性原则。党员领导干部要树牢"四个意识",坚定"四个自信",坚决做到"两个维护"。只有政治站位提高了,理想信念坚定了,贯彻民主集中制才能保证方向不偏。要坚决抵制怕得罪人等潜规则,敢于坚持原则,维护民主集中制的严肃性、权威性。

把握一个条件:加强班子团结。党员领导干部要加强团结,坚持把共同的事业作为基础,把真挚的感情作为纽带,把讲原则作为灵魂。班子成员一起共事,关键是要相互信任、相互尊重、相互支持,真诚相处、真诚相待。

扭住一个重点:主要负责人示范带头。"一把手"是单位工作的"主心骨",在贯彻民主集中制中具有主导和示范作用,各方面都要做好表率。要以身作则,带头发扬民主、维护团结、落实决策。要积极探索,善于谋划和推动全面建设,善于发现和解决事业发展中存在的各种问题。要注重情感,重视密切内部关系,使领导班子真正成为单位领导和团结的核心。

(二)严格贯彻民主集中制的议事程序

贯彻落实民主集中制,主要是以党组会、局务会或领导班子会、处务会等形式讨论决定重大问题。议事程序要按照确定议题、会前准备、民主讨论、形成决策、分工落实 5 个步骤,从制度上防止议决问题的随意性和盲目性,确保议事决策内容与形式、程序与质量的结合和规范。

1. 确定议题要在"及时正确"上尽心尽职

正确确定议题,是科学议事决策的前提。一要弄清职责。确定议题应当事先征求意见。除特殊情况外,不得临时动议。无论是主要负责人提出的建议,还是其他班子成员提出的建议,都要按照确定议题的职权来确定。二要把握原则。确定议题是一项政策性很强的工作,必须符合有关政策规定和上级精神,这是个大前提。三要讲究方法。确定议题要注意效果,例如,议题要具体,计划要合理,内容要相对集中。

2. 会前准备要在"全面充分"上精耕细作

充分做好会前各项准备,是保证议事决策质量不可或缺的重要环节。一是基本情况要准备实。主要包括相关政策法规、上级有关精神、议题相关内容的来龙去脉、群众的意见建议等。二是讨论发言要准备细。至少在一天前把召开会议议题通知参会人员,参会成员根据议题和会议材料认真准备意见。特殊情况需要紧急开会时,也要尽可能让参会人员有一定的思考和准备时间。有些议题,分管负责人应当重点准备,先行发言,以便其他同志多了解些情况。三是统一认识要准备早。对讨论决定的重要事项或敏感问题,班子负责人与成员之间,应当进行个别酝酿。会前酝酿越充分、越透彻,会上就越便于达成一致,决策的质量就越高。

3. 民主讨论要在"凝聚共识"上集思广益

能不能进行正确深入的民主讨论,直接关系到议事决策的质量。一要议而有据。讨论发言要依据党的路线、方针、政策和法律法规,依据上级有关指示精神,做到言之有理。严格执行请示报告制度,该请示的请示,该报告的报告。二要议得充分。从实际情况看,要让参会人员充分准备,有话可讲;要营造民主宽松的氛围,让人敢讲愿讲;要有充足的时间,让人放开讲。班子主要负责人要做好引导。三要议有质量。讨论发言要增强思想性,善于从思想上政治上、从事物的本质上分析问题、研究问题,防止就事论事简单化;要增强原则性、针对性、全局性。

4. 形成决策要在"适时集中"上把握好度

形成决策,是班子议事决策程序中出结果的重要一环。一是火候上要集中。每个同志充分进行了表达,对讨论的问题认识比较到位,大家或者多数人意见一致时,就要及时集中,形成决策。对讨论的事项意见分歧较大难以统一时,应暂缓表决,会后进一步调查论证、交换意见。二是要素上要集中。主要负责人要根据大家的讨论,梳理归纳出意见,经表决后形成决策。要防止以"一把手"个人的意见代替大家的意见,能用大家意见表述的要用大家意见来表述,切实体现大家的意志。三是原则上要集中。要严守政策规定,不能闯红灯、打擦边球;要坚持少数服从多数,不能搞个人或少数人说了算;要按有关规定实施表决,该用什么方式就用什么方式,保证决策不偏向不离谱。

5. 分工落实要在"高度负责"上从严要求

对班子形成的决策,要明确分工、责任到人、狠抓落实。一要在态度上从严。要强化组织纪律,班子定了的事,就要严格按照分工负责制去办。二是要在督促上从严。主要负责人要履行好"检查督促上级决策、指示和班子决策的贯彻落实"的重要职责,防止出现本位主义、各取所需、各自为政、拖拉敷衍等问题,确保决策的贯彻按照时间节点和标准要求推进。三是要在落实上从严。党员和干部落实决策不能满足于自顾自,而是要积极地宣传群众、团结群众、带领群众,一道去抓落实。要把干部职工思想统一到班子的决策上来,充分发挥干部职工的主体作用,依靠整体力量把决策贯彻好、落实好。

关于加快推进江苏生态文明建设
气象保障服务工作的调研报告

翟武全　李亚春　徐萌　刘端阳　杭鑫　刘文菁　张芳　王平

(江苏省气象局)

按照"不忘初心、牢记使命"主题教育活动"守初心,担使命,找差距,抓落实"的总要求,立足实际,检视问题、扛起职责,对照省气象局主题教育工作方案,由省局党组书记、局长翟武全牵头开展了加快推进江苏生态文明建设气象保障服务专题调研。

一、调研基本情况

调研分部门外调研和部门内调研两个方面,采取文件调研、书面函调和实地调研相结合的方式展开。

二、调研情况分析

(一)省委省政府和中国气象局有关工作部署

党的十八大以来,省委、省政府对气象部门提出了明确要求,着力推动气象现代化建设,提升生态文明建设气象保障服务能力。2012年以来,省委省政府印发的生态文明建设相关文件中有36份对气象部门提出了工作要求。中国气象局党组坚决将贯彻落实习近平生态文明思想作为工作重点,印发《中国气象局关于加强生态文明建设气象保障服务工作的意见》及相关规划、方案等,明确各省气象部门大力推进生态文明建设气象保障服务工作。

(二)有关高校、研究院所科技研发情况

通过对在宁院校的调研,了解到各个学校、院所在生态环境研究方面的重点领域和发展方向,发现气象部门与其合作存在广阔前景。

生态环境部南京环境科学研究所是我国最早开展环境保护科研的院所之一,以生态保护与农村环境为主要研究方向,涵盖生态保护与修复、自然保护与生物多样性、流域生态保护与水污染防治等7个领域。近年来主持制定并颁布实施了140项国家环境保护标准、技术规范、技术政策等,为国家环境管理决策提供了有力的科技支撑,为各地生态建设和污染防治提供全方位的技术支持和服务。

南京大学大气科学学院和南京信息工程大学环境科学与工程学院在污染物来源解析、大气化学模式、源追踪、污染传输、污染减排效果评估、臭氧达标规划研究、二次气溶胶形成机制研究方面有多项成果。

河海大学环境学院以水资源保护、生态修复、水污染治理、饮用水安全、环境评价、固体废弃物处理等为特色,期待与省气象局在太湖、长江、滩涂生态监测和相关科研中进行合作,联合开展人才培养,引进共享气象观测资料、卫星遥感应用技术等。

(三)省有关部门对气象服务需求

生态环境相关部门对生态文明建设气象保障服务也都提出了更高的要求和更新的需求,期待开展更深入的合作。

省生态环境厅亟须在大气环境、太湖蓝藻气象服务等传统领域深化合作,提高气象服务的针对性、时效性和精细化水平;在生态红线管控、生态文明建设考核、长江生态大保护等重点任务中期待气象部门广泛而深入的参与。省自然资源厅有意与省气象局在森林、湿地的遥感监测、气象监测,自然岸线和重点湿地生态系统的保护等方面开展合作,共享监测资料和遥感监测技术。省文化与旅游厅对生态旅游气象品牌塑造、重点生态景区气象监测预警服务等方面有迫切需求。

(四)全省生态文明建设气象保障服务现状

1. 全省业务服务情况

生态气象监测体系初步形成。构建边界层、大气成分、水环境等生态气象观测网,新建11部激光雷达、9部微波辐射计、18部风廓线雷达、24个酸雨监测站、26个大气成分监测站、455个能见度自动观测站,配备生态气象移动监测车。在江苏(金坛)气象综合试验基地建立了大气边界层环境综合观测系统。在环太湖区域共建设6个湖岛站、21个环湖站、3个气象水质综合浮标站、5个水上综合监测试验平台,开展气象、水质、藻情等综合观测。应用卫星资料开展山、水、林、田、湖、草、气等生态系统遥感监测。参与高分辨率对地观测系统江苏数据与应用中心建设。

生态气象服务领域不断拓展。省、市、县三级气象和生态环境部门建立合作机制,联合发布空气质量监测预报、开展重污染天气预警。建立了国—省—市联动、气象—环保—水利等多部门融合的太湖蓝藻监测预警业务模式,2009年以来年均发布监测预警产品1300余期。开展酸雨年度监测分析、森林火险等级气象预报、森林火灾和秸秆焚烧火点遥感监测。完成风能、太阳能详查,开展海上风电场运营气象服务。研发生态质量卫星遥感监测产品体系。适时开展防控太湖蓝藻水华、保障饮用水安全、降低火险等级、改善空气质量的生态修复型人工增雨。参与全省生态文明建设考核和资源环境承载能力评价工作。

科技和人才队伍逐步壮大。建立省级环境气象业务中心,组建全省环境气象、多源卫星遥感应用等科技创新团队,成立太湖蓝藻气象服务团队,省级业务科研单位骨干牵头,集中全省气象部门骨干力量开展业务、科研攻关。省局3名专家被吸收进入江苏太湖治理咨询专家库。

2. 基层单位保障服务现状

通过调研,了解基层业务现状。苏州市局已初步建立了以太湖应急保障服务、城市生态监测评估、大气环境预报评估、生态旅游服务等为重点的生态气象观测和业务,吴中区纳入了长三角一体化示范区,地方特色明显。徐州市气象局初步建立了大气环境、生态农业、生态人影为主的生态业务,潘安湖湿地生态质量气象评估工作已纳入年度重点工作计划。同时,基层对提升生态文明建设气象保障服务工作也提出了建议和期望:一是深化已有服务领域,推进需拓展的领域;二是提升生态环境气象监测能力,强化站网布局、运行维护、质量控制和资料应用,完善业务支撑平台,加大对市县重点任务和重大项目服务支撑;三是省级要加强生态观测、基础数据、基础平台、基础产品等支撑和指导,提高基础产品的稳定性,明确各项工作的省级承担单位;四是加强科研成果的业务转化应用,加强对市县重点任务、重大项目和特色亮点工作的指导。

三、存在的主要问题

通过调研,梳理了江苏在生态文明建设气象保障服务方面存在的主要问题。

(一)思想认识仍有差距

一是对习近平生态文明思想认识不够深入、不够系统、不够全面,指导实践推动工作力度不够。二是对生态文明建设气象保障服务职能定位把握不准,认识不充分。三是在推进工作中存在畏难情绪,缺少迎难而上的干劲。

(二)需求把握不够全面

一是对生态文明建设的新形势新要求把握不够,还不能全面准确把握省委省政府生态文明建设的新需求。二是对中国气象局部署做好生态文明建设气象保障工作的要求吃得不透。三是与生态文明建设相关部门对接不够深入,未能形成更大合力。

(三)工作推进未成体系

一是业务体系未建成。省级业务分散,市县级业务发展思路不清晰,重点不突出、地区特色不明显。二是机构队伍不健全。缺少生态、气象复合型人才,全省生态文明建设气象保障服务人才队伍尚未建立。三是业务流程不规范。生态气象监测、数据处理分析、产品制作与发布流程需要进一步完善,尚未建立统一的生态气象技术规范、产品制作规范和服务规范。

(四)科技支撑能力不足

一是学习对接国家科研业务部门不够。对国家级重要发展规划和重大项目计划了解不多,国省两级业务沟通不顺畅,不能积极主动融入其中。二是未能充分发挥省级业务部门龙头带头作用。省级业务单位对市县级生态文明建设气象保障服务业务支撑不足,尚未健全生态气象基础数据、业务平台、服务产品共享机制。三是生态文明建设气象保障服务技术创新能力不强。创新意识不强,面对生态文明建设气象保障服务的新形势新需求不能拓展思维,墨守成规,满足现状。

(五)与高校院所合作不够深入

一是尚未建立与在宁高校、科研院所生态环境领域的技术合作机制。二是尚未建立与在宁高校、科研院所联合培养生态环境复合型人才机制。三是人才激励政策保障性不强。与高校院所相比,相关激励政策不到位,科研人员的积极性和主动性调动不够。

四、推进全省生态文明建设气象保障服务的思考与建议

(一)深入学习习近平生态文明思想,提高对生态文明建设气象保障服务的认识

一是要紧紧结合主题教育活动,学原文、读原著、悟原理,要将习近平新时代中国特色社会主义思想应用到实践中去,武装头脑,解决问题,推进发展。二是要进一步学深悟透中央、地方与中国气象局的要求,更准确、更有针对性地落实好精神实质和工作要求。在全面落实和抓好细化上下功夫。三是要加强对国家级业务发展和兄弟省市的先行成果和先进经验的学习,进一步开阔眼界、拓展思路,挖掘潜力。

(二)结合江苏实际,从点线面入手,准确把握生态文明建设对气象保障服务的需求

一是找准切入点。针对全省多种多样的生态服务需求,如果以不同生态要素作为切入点,可以开展山、水、林、田、湖、草、气等生态系统的监测、治理和修复气象服务。二是把握区域面。按照区域面划分,包含国家和区域性重大发展战略的生态气象保障服务如"一带一路"、沿海开发、长江经济带和长三角一体化等,流域性生态建设项目如淮河生态经济带、大运河生态廊道等,以及针对不同区域特点和社会经

济发展状况具有明显地域特色的生态气象服务,如苏北和苏中地区可以关注湖泊、湿地和滩涂等生态气象服务、苏南地区开展城市或城市群的生态气象评估服务等。三是理清产品线。按照时间线整理生态气象服务系列产品,如气候可行性论证、气候资源开发利用、影响评估的长时间周期的生态气象服务,与太湖蓝藻水华、大气环境监测预警等常态化生态气象服务,以及污染物泄露、排放、化学品爆炸等突发生态事件的应急气象服务。

(三)构建生态文明建设气象保障服务体系

一是要完善综合观测体系。建设全省生态监测站网,健全地、空、天一体生态气象基础监测系统,落实"十三五"项目建设,实施省政府《江苏省生态环境监测监控系统三年建设规划(2018—2020)》。二是要强化业务支撑体系。通过建立标准、整合资源、整合系统,完善生态气象综合业务支撑体系。三是落实组织机构体系。组建省级生态气象和卫星遥感中心,省气候中心加挂江苏省生态气象和卫星遥感中心牌子,统筹集约省级生态气象、农业气象、遥感应用等科技资源,负责全省卫星遥感数据获取、加工处理、综合分析及基础应用服务,牵头开展全省生态气象监测、分析、评估服务。四是健全服务产品体系。结合点、线、面需求梳理,紧贴需求,开展业务,逐步形成江苏省生态气象服务产品体系。围绕湖泊、湿地生态做文章。包括开展对蓝藻水华的连续、高精度遥感监测、精细化定量预测预警以及长时间序列发展演化分析评价;开展湖泊、湿地、滩涂生态服务,开展湖泊水体面积、水质等监测,以及沿海湿地、滩涂生态质量和生态功能修复气象监测评价。继续开展大气环境服务。开展大气环境气象监测、预测预报预警,开展气象条件评价/污染治理成效评估,与大气污染跨区域传输/本地污染贡献分析评价,以及环境承载力分析评估。强化城市生态等特色服务。针对城市和区域生态开展城市热岛监测,为城市植被生态和土地开发利用、海绵城市建设、长三角一体化、大运河生态带、淮河生态经济带建设等开展生态气象服务。做好气候可行性论证与资源评估工作。根据省商务厅、省自然资源厅、省生态环境厅等七部门印发的《江苏省开发区区域评估工作方案》,及江苏省气象局印发的《江苏省开发区气候可行性论证区域评估工作实施方案》和技术导则,针对开发区、重大工程以及长三角、桥梁、港口等重大领域开展气候可行性论证服务;开展气候资源开发利用生态气象服务,包括风能、太阳能资源评估,海上风电项目建设运维气象保障服务等。

(四)强化科技支撑,突出江苏生态文明建设气象保障服务亮点特色

一是要充分发挥江苏高校院所及企业优势,加强合作,引进先进科技成果转化应用,强化科技支撑,形成技术亮点。强化人才培养与合作交流;加强团队建设,培育领军人才和骨干队伍;发挥区位优势,加强与高校、院所合作交流。二是在整体基本业务体系构建和强有力科技支撑基础上,着力打造江苏特色品牌。继续保持水体、蓝藻监测预报预警技术在全国领先,力争大气环境监测预报预警实现全国领先,打造城市生态监测服务品牌,形成气候可行性论证试点示范。

山东省气象局"不忘初心、牢记使命"主题教育全面从严治党和基层党建专题调研报告

朱键　　杜占军　　王树同

（山东省气象局）

按照《山东省气象部门"不忘初心、牢记使命"主题教育实施方案》要求,由党组成员、纪检组长朱键带队,纪检组副组长杜占军、机关党办主任王树同等组成调研组,针对全面从严治党和基层党组织建设进行了专题调研。

一、调研方式和基本情况

(一)调研方式

调研组先后到纪检组、巡察办、机关党办等单位,以及聊城、德州等市气象局,深入了解情况,紧紧围绕全面从严治党和基层党建工作进行专题调研。所到单位通过召开专题座谈会、书面征求意见、背靠背谈话等多种方式,广泛充分地听取党员干部、职工代表对省气象部门全面从严治党、基层党建及其他方面存在问题的反映及建议,认真按要求对照检视和剖析,提出下一步改进工作的思路。

(二)基本情况

1. 全面从严治党工作方面

一是省局和市局能够认真落实全面从严治党"两个责任"。落实党组的主体责任以及党组纪检组的监督责任,局领导班子成员落实"一岗双责",层层签订加强党的建设责任书、党风廉政建设责任书,召开全省气象部门全面从严治党会议,制定任务清单,细化工作重点,落实工作责任。将全面从严治党工作纳入综合目标管理,加大考核力度。二是加强监督执纪,强化党风廉政建设。综合运用监督执纪"四种形态"强化日常监督。启动了省局全面从严治相关制度的修订,启动了 2019 年度政治巡察工作,重点针对全面从严治党、贯彻执行中央八项规定精神和前期巡察审计发现问题整改情况开展政治监察,已经开展入驻巡察了 4 个基层单位。三是持之以恒纠治"四风"。全省气象部门从严落实中央八项规定精神和有关细则要求,加强公务接待、公务用车、办公面积使用的统计管理,加大了检查和整治力度,精简了文件和会议,压减了要求基层上报的材料,减轻了基层负担。

2. 基层党组织建设方面

一是加强基层党支部标准化、规范化建设的推进。各市局充实调整了党建和党风廉政建设领导机构,每季度定期组织联席办公会,对照工作进度,梳理工作,分析问题,抓好问题整改。部分市局成立党建办,配备了专职党务干部,统筹负责全面从严治党和机关党建工作。积极推进融入业务抓党建工作。二是严格组织生活制度落实,开展"三会一课"。规范了党内政治生活,以"两学一做"学习教育常态化制度化为抓手组织开展党员学习教育活动,有的基层单位将党员活动日升级为气象大课堂,上级党组织主办,各支部比学赶帮,轮流承办活动,收到较好实效。基层党支部推进支部活动资料全程纪实上传到"灯塔在线"山东党建平台。积极推进和利用"学习强国"平台开展党员学习教育。党员领导干部以普通党员的身份参加支部活动。三是省局成立了党员气象志愿者服务队,局工会、妇委、青年、各体育协会等积

极开展丰富多彩的文化体育活动,各项工作精彩纷呈,涌现出一大批先进典型。四是积极开展"抓党建、促脱贫"工作,落实精准扶贫工作有成效。省局驻村"第一书记"吕振锋同志,扶贫事迹突出,以其先进扶贫事迹为素材拍摄的宣传片《红手印》,获得山东省优秀党员教育成果二等奖。

二、存在的主要问题及原因剖析

(一)调研中发现的主要问题

落实全面从严治党主体责任还不够。存在压力传导层层递减现象,有些工作仍停留在发文件、提要求上。个别单位第一责任落实不到位,基层落实全面从严治党的标准不高,满足于不出问题,在标准的底线上徘徊,高标准、严要求的意识不够强。例如,有的基层单位党支部书记不是科室主任负责人,而是由一般同志或副职担任,不利于主体责任和第一责任的落实。

基层党务纪检工作机构和人员不健全,监督力度弱。到2018年年底,全省党务工作者有16名,其中省局9人,市局8人,有10个市局仍没有专职党务管理人员。16个市局仅有兼职党务工作者31人;省局直属单位专职党务工作人员配备少,多为兼职、更换频繁。部分市局没有专职党务和纪检工作人员,只配备了纪检组长,个别市局虽然配备了专职党务纪检人员,但工作能力不足,不能很好地协助纪检组长完成监督执纪任务。多数县局兼职党务干部不足、监督力量薄弱,不利于工作落实。例如,部分县局"三人决策"小组监督作用发挥不够,兼职纪检监察员怕得罪人、怕遭打击报复、怕被不公正评价,思想顾虑较多,不敢监督,不愿监督,难以切实履行监督职责。座谈中,同志们建议加强顶层设计,市县统筹,规范设置党务纪检岗位,规范要求市局巡察办的工作,调剂人员编制,配齐配强市局基层专职党务纪检干部。

有关制度不健全需要及时修订完善。现有的制度体系仍不完善、不健全,需要加强顶层设计,完善全面从严治党有关工作制度,并不断根据上级最新党内法规制度精神和单位实际情况及时修订,以适应气象事业改革发展要求。例如,现有制度中贯彻落实中央八项规定精神的制度还不能完全适应新的需求,各单位在执行上把握尺度不一,公务接待标准制定不合理。

党建工作与气象业务深度融合不够。基层党支部研究抓党建促业务发展时间和精力不够,仍然存在与实际脱节、与发展脱轨、与服务群众脱离等问题。例如,在开展党建工作过多地停留在传达上级党组织的文件和有关会议精神上,或者是通过观看几次党员警示教育片,缺少联系实际开展学习讨论。调研中,大家建议要积极创新学习形式,丰富活动内容,增强教育学习的针对性、有效性,开展管理处(科)室与直属业务单位之间的联合主题党日活动,积极探索党建和业务双促进双提升的有效途径和工作方法。

对机关党建、纪检业务培训不够,宣传教育不到位。对专兼职党务纪检干部教育培训少,业务技能、知识背景宣传教育不足。基层干部职工建议省局强化党建和纪检业务的教育培训,建立健全党务纪检干部上挂跟班和学习锻炼机制。各单位开展党的建设宣传少,在加强党的建设方面的宣传报道不够规范,在落实意识形态责任制方面还有一定差距。

党支部标准化、规范化建设仍有差距。主要是对党支部规范化建设的目标和要求,个别基层党组织负责人依然不够明晰。例如,直属业务单位的同志大都因业务和科研任务重,不愿在党务岗位兼职,也经常出现兼职党务干部工作岗位调动,支部规范化推行的效果不理想。

对全面从严治党工作考核和激励不够。对党建重点工作考核力度不够,到现场考核少,检查少;对党建先进集体和优秀党员的激励、奖励不足,发挥先进引领和示范作用不够。例如,党员干部和职工在实际工作中,对年度考核达到优秀比较认可,连续3年达优秀可记三等功一次,且有一定的奖励,职工普遍对优秀党员称号的认可度远不如对年度考核的认可度,认为只是一个荣誉称号,不实惠。

(二)产生问题的根源剖析

认真对照习近平新时代中国特色社会主义思想和党中央决策部署、对照党章党规、对照人民群众的新期待、对照先进典型和身边榜样,针对基层反映的问题,深刻剖析思想根源,主要有以下 4 个方面的原因。

一是深入学习贯彻习近平新时代中国特色社会主义思想方面还有较大差距。以上存在的问题反映出我们的学习不够全面系统、没有学深悟透、未能融会贯通,也反映出我们学用结合不够,知行合一效果不佳,这影响到我们在落实中央要求和上级决策部署,推动事业发展的过程中站位不够高、调研不深入、措施不得力、行动跟不上、落实不到位,部分基层干部群众对一些做法不满意、有意见。

二是严格贯彻执行党章党规的自觉性、主动性、原则性方面还有较大差距。还没有真正让党章党规进入工作、进入思想、进入灵魂,缺乏持续贯彻执行的动力和压力。落实管党治党责任还缺乏具体有效的措施,监督执纪问责还缺乏"紧抓不放、一抓到底"的狠劲,运用"四种形态"还缺乏"严管就是厚爱"的严劲。

三是抓党建的主观意识不强、党建第一责任压得不实,业务能力不强是一个重要原因。党务干部配备不足,对党的建设工作的精力投入不够,宣传教育少,策划粗放,造成活动效果不理想。有的单位党支部书记仍不是处室(科室)主要负责人,就充分说明了这一点。

四是自觉关注了解和满足基层干部群众的新期待新需求方面还有较大差距。没有将基层群众的新期待放在应有的政治高度,深入基层走访群众调研用力少,对群众切身利益关注少,主动了解基层群众生产生活和需要关心帮助的问题少。在当好关键少数、发挥带头作用方面有差距,在提高理论水平、能力素质、道德修养方面有差距,在总结典型经验、加强宣传引导、营造浓厚氛围方面有差距。

三、整改措施与建议

(一)压实党的建设"两个责任",提高党建水平

完善党的组织体系建设,压实主体责任和监督责任,为全面从严治党和机关党建工作找准定位,为事业高质量发展做好保障。各级党组织书记要履行第一责任人职责,加强对基层单位党务干部的学习教育,提高党务纪检干部的工作能力。建议充实基层单位党务纪检工作者数量,选配好党务纪检干部,发挥好各单位领导班子集体和全体党员的合力,为加强基层党的建设夯实组织保障。

(二)改进工作方法,解决党建与业务融合不紧,存在"两张皮"的问题

持续在学懂弄通做实上下功夫,推动学用结合。认真落实"三个清单"工作任务,明确各级整改落实责任。今后在主题党日活动中,建议要求开展与本单位业务相结合的主题党日活动次数不得少于三分之一,要求业务管理单位与业务一线单位多联合开展主题党日活动,创新活动的方式,促进党建与业务工作融合发展。

(三)加大调研成果运用,刀刃向内,立行立改

首先是要完善加强相关制度化建设,通过完善相关制度,健全责任追究体系,推进"三会一课"等党内组织生活制度更好地落实。其次是继续加强年度政治巡察工作,加大对基层"两个责任"落实、基层党组织"三会一课"制度执行、"主题党日"活动开展效果等问题的重点巡察,发现问题,及时督促整改到位,对落实不力的,实施问责。

(四)条块结合,加强对基层党的建设的领导

定期举办基层党的建设业务指导会、现场观摩学习会、业务培训班。与地方党委机关工委加强联

系。建议建立健全党务纪检干部上挂跟班和学习锻炼机制,积极帮助党建业务薄弱单位熟悉全面从严治党工作的基本要求,积极到地方相关部门开展学习交流,动员各基层单位党支部建立科学完善的"支部工作法",创建自己的党建工作品牌。

(五)制定目标,分批推进标准化党支部建设

以加强党支部标准化规范化建设为抓手,按照"一年对标强基础、两年提升出成效、三年全面上台阶"的总体思路,力争经过 3 年努力,使各党支部全部达到标准党支部以上水平。建议将党组成员所在支部率先建成"过硬支部",重要窗口和气象服务部门党组织要率先建成标准化党支部,发挥示范带头作用。

(六)加强对党的建设宣传工作的领导

落实意识形态责任制,组织发动各单位加强党的建设方面的宣传报道,巩固加强党的意识形态工作宣传阵地。建议省局在加强对宣传工作培训教育的基础上,继续出台加强对党的宣传工作的激励措施。

(七)加强考核,严格要求

加大对党的建设的考核和激励,将党的建设相关工作要求纳入综合目标考核。建议重点加强对点上的考核,加强对重要时间节点报送相关自查报告要求,加大抽查检查力度,组织考核小组到部分基层单位开展现场考核,对发现的主要问题现场反馈,责令整改,通报情况。

关于德国、瑞士、意大利气候康养旅游专题调研报告

孙健[1] 吴普[2] 屈雅[1] 胡抚生[2] 熊娜[2]

(1. 公共气象服务中心;2. 旅游研究院战略所)

经中国气象局、中国文化和旅游部批准,中国气象局公共气象服务中心(以下简称"公服中心")、中国旅游研究院(以下简称"旅游研究院")、中国气象服务协会(以下简称"气象服务协会")共同组成气候康养旅游调研交流团(以下简称"双跨团")于 2019 年 10 月 21—30 日,先后赴德国、瑞士和意大利三国就气候康养旅游开展专题调研交流活动。双跨团先后拜访了德国国家旅游局、文化和旅游部驻法兰克福办事处、世界气象组织(WMO)、瑞士中华文化促进会、世界温泉和气候养生联合会等组织和机构,充分沟通交流有关情况,并就下一步合作进行了洽谈。

一、认识和体会

(一)气候康养旅游市场需求潜力巨大

双跨团在对德国和瑞士等气候康养旅游目的地进行走访以及与相关利益主体进行沟通与交流,发现气候康养旅游的消费潜力巨大,很多当地华人或者欧洲游客喜欢去气候条件好的地方进行康养旅游,而不是传统的观光旅游。特别是一些康养旅游目的地离城市较远,但游客依然很多。如洛伊克巴德,距离主城区有一百多千米,但是有很多游客前去,并且兴建了很多精品民宿、乡村酒店,以及温泉、疗养设施,促进了当地经济的发展。可见,康养旅游的市场消费需求潜力巨大,有广阔的发展空间。

(二)气候对健康、经济社会发展具有战略意义

双跨团在德国、瑞士调研期间,无不感叹当地优良的空气质量。德国是世界著名的制造业大国,20 世纪 60—70 年代,空气污染也很严重。经历了对工业化的反思,采取了有效的治理措施。德国、瑞士充分认识气候对康养的重要作用,针对不同的慢性疾病,开发对应的气候康养旅游目的地。2000 年,欧盟统一住宅通风标准,通风系统已经与建筑物融为一体,成为不可或缺的重要组成部分。

(三)气候康养旅游理论研究扎实深入

气候康养旅游产业发达,离不开雄厚的科研和理论支撑。德国、瑞士、意大利十分重视各种不同的气候在疗养中应用,掌握气候调节的现象和规律。大量的研究表明,良好的气候疗养因子,对疗养客在调节心理平衡、消除疲劳、矫治疾病、增强体质等方面起重要作用,对患有循环、神经、血液、呼吸系统等疾病的患者有较好的治疗和康复作用。

在德国,根据对身体产生的潜在影响,气候因素被区分为三大类:消极压力因素、积极刺激因素、积极保护因素。德国的气候疗养就是通过将身体暴露于刺激因素与保护因素环境下,并避免消极压力因素的影响,从而促进人体健康。根据疾病和个体体质,德国将积极刺激因素和保护因素应用于健康气候养疗中,提升人体的免疫力。基于这一研究,德国认证了 51 个气候疗养旅游目的地,而且对气候质量每 5 年要进行重新评估。

正是基于充分的研究,德国将气候康养纳入健康保险之中,拥有德国医疗保险的人可以每三年申请一次为期三周的疗养,费用完全由医疗保险负担。疗养过程中可以享受个性化锻炼、放松和营养养生。

德国、瑞士等对温泉康养研究深入,温泉对人体健康十分有益。一旦医生开具处方,表明温泉对某种疾病有帮助,泡温泉及相关的康复治疗皆可纳入医保范围。

米兰大学专门成立了生物医学系,研究的方向包括室内环境、热浪流行病学、寒流流行病学、人口在寒冷和温暖环境中的风险等,从气候角度为公众和政府提供健康服务。

(四)高度重视气候环境资源的保护

双跨团在调研过程中,亲身感受到,良好的气候环境绝不是天生的,后天的保护十分重要,欧洲发达国家确实做得很好。举几个和气候、旅游有关的例子。一是弗莱堡对气候的保护。弗莱堡为强化本地气候优势,除了直接的城市气候规划外,从土地利用、城市开放空间等方面制定"绿色"远景规划,多维度实施综合性的保护。二是酒店、停车场等具体的环保措施。酒店、景区等主体对水资源合理利用、生态环境保护也十分严格。双跨团所有入住的酒店没有提供"六小件"的。调研过程中,我们看到很多景区的停车场、路面十分原生态,没有硬化铺装,石子路面。既不妨碍停车、通行等基本功能,同时防滑、渗水也都兼顾,不存在人为地去建设"生态"停车场。三是整个社会高度重视环保。我们在调研中发现,德国、瑞士、意大利等整个社会都高度重视环境保护,无论是大城市和农村地区,街道、每个房前屋后都很干净。公共垃圾桶材质也都很好,经久耐用,不至于出现垃圾桶被风吹走或其他因素,导致老百姓垃圾无处可扔。

(五)公共服务及配套等较为完善

调研过程中,公共交通、厕所和气象旅游信息服务等公共服务和相关配套建设给双跨团留下深刻印象。气候康养旅游目的地往往位于偏僻的山区或农村,离城市较远。尽管德国、瑞士等发达国家,人均汽车保有量很高,但为了让更多的人能享受到气候疗养目的地,都开通有公交车。在加米施-帕滕基兴市政厅和洛伊克巴德的酒店大堂等都有专门供山地旅游者参考的气象信息发布,不仅是温湿风等要素的预报,还有历史气候特征、山顶实时雪量等信息。

二、对我国气候康养旅游发展的建议

(一)加强顶层设计

一是编制《全国气候康养旅游目的地规划》。开展全国康养气候区划工作。明确气候康养旅游基地建设规划及旅游融合发展的规划。推动城市气候规划工作。制定我国系统建设气候疗养旅游目的地评估标准以及气候疗养设施标准。开展气候康养旅游观测和研究。二是开发地方独特的气候康养中高端旅游产品。应充分利用各地的气候资源和人文、自然资源,大力发展富有地方特色、优势突出的特色旅游产品,并给予适当的政策倾斜,逐步培育形成一批层次合理、特色鲜明的气候旅游产品体系。三是加强本土品牌的培育。建立有计划、有重点的气候康养品牌培育制度,如避暑避寒度假目的地、中国天然氧吧、国家气象公园等,制定全国气候康养品牌培育指导目录,支持旅游企业开展自主品牌建设,引导企业注册并规范使用商标、商号,努力培育一批具有自主知识产权和国际知名度高的气候康养旅游品牌。

(二)深化气象和文旅部门合作

完善现有合作机制,加强气候康养旅游领域的合作,拓展气象服务领域,特别是要加强基础理论的研究和创新。一是联合建立气候康养旅游国家重点实验室。加强气候对人体身心健康,疾病康复等方面的理论、机理等研究。厘清气候发挥养疗作用的机制以及适用于气候疗养的疾病,尤其是不同气候特征所适用的病症。例如,将疗养方法与环境类型相结合,如海岸疗法、气候疗法和温泉疗法等。二是开展气候康养旅游示范基地试点建设。加强山地、滨海、森林等重点气候康养旅游区域气候资源评估,做深做细,为气候康养旅游示范基地建设提供科学依据和支撑。气象和文旅部门依据气候康养理论、气候资源评估成果和旅游配套完善程度,制定标准、规范,遴选、认定一批不同类型的气候康养旅游示范基地。三是探索开展气候保险业务。从国内实际出发,短期气候旅游康养纳入医保范围不现实。可考虑在公服中心和中再保险公司合作机制下,探索开展通过气候保险的方式,将气候康养旅游、避暑避寒旅游以及景区自然灾害等纳入保险业务。四是着力增加气候康养旅游有效供给。随着人口老龄化的快速进程,我国气候康养旅游需求将会越来越大。我国的气候康养旅游目前还处于起步阶段,在配套设施和产业链延伸方面与发达国家存在较大的差距。要在顶层设计的基础上,抓住消费趋势,积极布局气候康养旅游,增加有效供给,探索完善医保及相关配套政策。

(三)加强气候资源的保护和利用

一是不断完善相关制度,加大气候资源保护力度。完善与气候和环境相关的法律法规,严格执法,在政府严格管理下对气候康养旅游资源和环境进行有效利用,实现对资源和环境的持久保护和旅游业的可持续发展。二是更新观念,加强对气候资源的综合保护。我们往往把气象气候资源看成是"天生的",避暑避寒等气候康养旅游是"看天吃饭"。这种观点有正确的成分,但也容易成为后天保护不到位的借口。气候一定程度上可以说是一个地区综合保护的"晴雨表"。土地利用的变化、森林覆盖率的变化、城市建设和发展、消费行为等都会对气候产生影响。要综合施策,直接和间接、近期和远期相结合,多维度实施保护举措。三是加大对气候资源的有效利用。深化对气候资源优势及其对经济社会发展战略作用的认识,更好地发挥"趋利"的作用,充分利用气候资源优势,为康养旅游、为生态文明、为美丽中国服务。

(四)加强国际交流与合作

为更好地提升国家级旅游和气象智库的研究水平,推动公服中心、旅游研究院、气象服务协会加强与世界气象组织、世界温泉与气候养生联合会、德国卫生气候协会、米兰大学等国际组织和机构开展战略合作,共同在气候康养旅游、气候变化与旅游等国家战略层面展开合作研究,主动传递市场信息和业界需求,推动旅游投资机构和市场主体之间的合作。建立相关研究人员的互访机制,进一步加强双方研究人员的互动和交流。共同召集组织相关国际会议,构建国际平台,推动气候和旅游融合发展。

(五)组建世界气象服务协会

根据世界气象组织改革的最新动态,建议中国气象局支持气象服务协会牵头组建世界气象服务协会,主动参与 WMO 公私伙伴关系机制的建立和完善,推动"一带一路"气象市场主体走向国际,形成以西方主导的国际水文气象仪器协会和中国主导的世界气象服务协会共同推进社会气象发展的新格局,从而使我国在全球气象治理体系中拥有更多的话语权。

深化教学供给侧结构性改革下气象部门培训质量管理机制创新的调研与思考

邓一[1]　董杰[1]　李杨[1]　孙宇[2]　黄秋菊[1]　李彩红[2]

(1.中国气象局气象干部培训学院(局党校);2.干部学院河北分院(局党校河北分校))

为适应新时代气象部门党校建设,服务于高质量发展的需求,调研组[①]对部分国家级教育培训机构、省委党校(行政学院)、行业(部委)党校进行了实地调研,并在此基础上进行了梳理和分析,分析了培训质量管理的主要经验与做法,形成调研报告如下。

一、重视教学质量评估,作为确保培训质量的关键环节

(一)完善评估制度,强化教学管理

《干部教育培训工作条例》指出:评估是确保培训质量的关键环节。外部门党校制定了质量评估制度,在制度中明确量化奖惩机制,不断强化教学组织管理。例如,湖北省委党校制定了《课堂教学双向评估暂行办法》作为评选优秀教学奖、教师年度考核和评聘职称的依据,作为加强学员管理、评选优秀学员、学员考核鉴定及班主任年度工作考核的依据;制定了《主体班授课教师末位调整办法》,以教学评估成绩作为分析和末位调整教师的依据。

(二)完善双向评估体系,切实提升教学质量

加强和改进干部教育培训的考核评估,是干部教育培训改革创新需要进一步解决好的问题。中央党校(国家行政学院)、浦东干部学院、延安干部学院等将完善教学质量评估指标体系作为深化教学改革的一部分,并制定细化的评估标准。湖北省委党校制定《主体班学员量化考核办法》,通过理论考试、到课率、学习态度、课堂纪律、教学互动情况对学员评估。

(三)科学量化考核,发挥"以评促改"导向性作用

评估结果作为岗位职称评聘量化考核依据,选优聘强师资。将评估结果作为教师职称岗位的参评门槛。例如,中央党校教师评估分数较低不能参评副教授;评估分数未获得过授课班次前三名,或评估分数低于所授班次平均分2次及以上,不能参评教授二级岗。调动教学积极性,评奖工作更加科学化、规范化。课题绩效考核中增加转化为教学专题的刚性要求,转化为教学专题且教学评价高的给予另行奖励。评估结果作为创新工程首席专家选聘门槛,作为教研部(院)、班子成员参评年度教学管理创新奖和年终评优门槛。

(四)开发评估产品,为培训管理决策服务

如江苏省委党校将讲授式教学的"学理支撑"指标单独排序,排序结果作为专题优化调整的重要依据。此外,北京石油管理干部学院形成了月度、季度、年度评估报告交学院领导,并反馈各部门负责人进

---

① 此次调研为干部学院重点课题:《气象部门党校教学质量评价及应用研究》的研究内容,调研报告为课题阶段研究成果的一部分

行工作整改,对于培训项目较低的视为质量事故。

二、创新教学管理机制,充分释放改革活力

(一)加强流程规范建设,创新各项管理制度

湖北省委党校加强管理制度的建设。例如,《主体班教学工作规范》明确教学计划制定"三上三下"原则;《教师集体备课制度》强调教师深入开展调查研究,充分了解学员需求;《教师试讲制度》要求依据课程体系出题目;《主体班现场教学管理规定》规范从开发到教学实施的整个流程。

(二)完善教学质量提升机制,不断提升教学管理水平

浦东干部学院构建了"训前需求调研、训中科学施教、训后延伸服务"的管理链,以此增强培训计划制定的针对性和教学方案的实效性。打造"五位一体"教学质量监测体系。延安干部学院建立集体备课、教学观摩、教学研讨"三位一体"教学质量提升机制,对主干课程精雕细琢。定期召开教学质量评估专题反馈会、教学质量评估座谈会等强化教学管理。

(三)打通教研咨一体化体制机制,加强研究成果转化

湖北省委党校教学部门围绕本学科领域申报重点教学专题,根据教学专题设置相关科研课题并给予资助,将科研成果转化成教学成果。学员严格按照教学计划开展研究式教学,形成研究报告(个人—学习小组—班级),并以红头文件的形式择优报省领导。

三、用"学术讲政治",加强课程建设和管理

(一)加强课程体系建设,推进"用学术讲政治"教学改革

根据全国党校(行政学院)系统第七次教学改革研讨会精神,全国党校系统全面推进用学术讲政治,构建习近平新时代中国特色社会主义思想课程体系。总论课程结合马克思主义立场方法学习习近平中国特色社会主义思想;分论课程如习近平新时代中国特色社会主义思想之政治思想、经济思想等;特色课程结合各地实际落实习近平总书记讲话精神举措等。

(二)建立评师评课评选标准,科学强化理论武装

以湖北省委党校为例,一是开展集体评课。按照"用学术讲政治"的要求对主讲教师讲授专题名称、授课思路、学术框架、主要观点、重点难点、逻辑结构、授课艺术等进行评议;对授课内容是否结合世情、国情、省情,是否关注重大理论和现实问题、热点问题等进行评议;对讲授方法是否得当进行评议。二是制定教师试讲评选标准。针对教学对象情况和教学计划安排,设计党校姓党、学术框架和科研含量,反映最新学术动态、理论维度和现实维度、国际视野和历史参照,较好的讲课艺术等评选标准。三是制定名课评选标准,包括坚持党校姓党、突出主课地位、学术框架与科研含量、理论联系实际、教学效果、方式创新等。

(三)打造品牌课程,切实提升课程质量

各级党校均认真落实"用学术讲政治"的要求,通过打造精品课和样板课,建立理论武装的高地,保证党校课程质量。中央党校教务部会同各教研部门,采用专家组评议的方式确定打造样板课。同时,将样板课的打造与精品课的评选相结合,通过打造样板课,推出精品课,为地方党校(行政学院)做表率。

（四）建立教学资助和奖励制度，引导教师主动作为

中央党校在加强教学管理制度建设，激励教师参与改革、主动作为方面走在全国党校的前列，通过制定《关于推进"用学术讲政治"的教学管理机制的实施办法》等文件，加大了对教师的奖励力度，充分释放改革活力。如被评为全国党校系统精品课、"用学术讲政治"样板课、获得教学创新奖的，可作为教师优先评聘、二级岗优先选聘的条件。制定了主体班教学奖励；制定教学讲题资助奖励，对于新开发的教学讲题，通过评审并进入课堂予以奖励。

四、坚持党校姓党，突出能力建设

（一）加强理论教育和党性教育，突出党校姓党

各级党校均坚持把习近平新时代中国特色社会主义思想和马克思主义作为理论教育的重要内容；坚持把体验式教学作为重要平台，提升党性教育的吸引力和感染力；坚持把党性分析作为关键环节，激发学员加强党性修养的内生动力；坚持把校园文化作为重要载体，营造党性教育的浓厚氛围；坚持把制度机制建设作为重要抓手，强化党性教育的制度保障。

（二）加强专兼职师资队伍管理，积极推进教师队伍建设

通过上级党校举办各类师资培训对下级党校师资加强指导。如湖北省委党校一般教师参加中央党校（行政学院）专题学习班、领导班子参加中国延安干部学院和中国浦东干部学院的学习。末位调整的教师采取跟班学习、外出培训、集体备课、完成辅助教学任务等多种形式，提高教学水平。如河北省阳原县委党校，每三年也会有参加上级党校师资培训的机会。

（三）加强体验式教学点建设，提升教学针对性

从党校调研的情况来看，体验式教学建设的板块包括党史党建教育、保密教育、科学发展示范教育、生态文明与传统文化教育等；教学主题包括理想信念、群众路线、公仆意识、革命传统等；教学点布局包括省内和省外、部门内外、国家机构和基层组织等。湖北省委党校还加强了实训室的建设，包括理论实训室和党性教育实训室；探索开展了心理实训室、党章实训室、社会主义核心价值观实训室建设。

五、加强内外开放合作，共创共建共享共用

（一）创新教学研发组织形式，丰富教学内涵

浦东干部学院邀请案例中心专家，开展案例培训。扩大案例征集渠道，例如联合中共上海市委党校（上海行政学院）、中国经济信息社、新华网等单位，开展社会治理和创新实践等案例征集活动，搭建上海社会治理创新实践案例库。加强与教学点的合作，通过召开现场教学工作座谈会，充分交流经验，对教学资源深度挖掘和二次开发。

（二）整合利用外部资源，提升教学专业化水平

北京石油管理学院党性教育现场教学采用全委托的形式，委托第三方公司承包现场教学，在现场教学点开发上采取独立开发的模式。根据教学需要，延安干部学院在各教学点特聘讲解员。在选聘方式上，采取组织推荐与教学试讲相结合的方式；在日常管理上，采取学院与各教学点双重管理的方式；在培训方式上，制定年度特聘讲解员培训计划；在考核评价上，实施"优课优酬"制度，激励讲解员不断总结经

验,提升质量。

(三)建立交流合作长效机制,提升培训机构服务质量

浦东干部学院与深圳宝安区政府拟定了教学研究基地共建合作框架协议,并将基地打造成创新发展平台;与浦东新区教育局在教育资源共享、党建联建、国际交流等方面加强合作,助力浦东教育事业发展。江苏省委党校高度重视服务资政建设,把不同学科、专长各异的专家学者整合在一起,围绕省政府有关专题开展社会调研,写出了系列有分量的调研报告,有效发挥了党校"思想库"和"智囊团"的作用。

六、对于完善培训质量管理机制的思考与建议

(一)加强制度创新,完善顶层设计

一是加强顶层设计,以深化教学改革为抓手,面向气象教育培训体系,制定《深化教学改革 推动气象教育培训高质量发展实施意见》,推进新形势下气象部门人才高质量培养。二是建议人事司牵头,干部学院协同分院共同理顺气象教育培训工作机制,加强组织管理,进一步明确职责和分工,推进《2019—2023 年全国气象部门干部教育培训规划》各项要求的贯彻和落实。三是加强教学管理制度建设,推进教学工作规范化。建立包括教学计划制定、教师集体备课、试讲、精品课评选等制度;建立需求分析的流程,规范需求调研的体制机制,为项目开发和教学计划制定提供基础支撑。通过制度建设进一步规范教学组织行为,实现教学工作流程规范化。

(二)优化培训体系布局,加强资源整合协作

一是进一步加强与政府部门、部委、院校、企业、行业组织等合作,通过签订战略合作框架协议等方式统筹考虑教育培训,在教学、科研、咨询、人才培养等方面共同探索。二是加强培训资源开发与利用,吸纳外部丰富资源及人才技术优势,充实完善课程体系。三是共同探索打造创新发展平台,发挥教育培训创新成果中试基地和推广应用的平台作用。

(三)"用学术讲政治",加强培训能力建设

一是构建"用学术讲政治"的课程体系。采用三级分类法,开发气象部门学用习近平新时代中国特色社会主义思想的课程体系,加强专职师资队伍建设。二是开展集体评课、教师试讲、名课评选等,培育优良的精品课种子。通过严把课程质量关,切实提升课程质量和教学效果。三是完善教学研咨一体化体制机制建设。加强科研项目立项与经费支持,加强教学激励,助推课程建设。加强研究和教学的结合,注重科研成果向课程的转化、向决策咨询报告转化。

(四)重视教学质量评估,助推培训高质量发展

第一,加强评估规范和制度建设,在学员评教方面,完善评估指标,并将评估结果纳入规章制度作为评选优秀教学奖、教师年度考核和评聘职称的依据。第二,开展教师评学,基于中青班等后备干部班型,探索干部培训学习质量考核评价方法,形成常态化的业务为决策服务。第三,教学质量评估与多样质量监控方式的结合,例如督导巡视、学员座谈会、教学分析会等。

深圳新型研发机构体制机制创新调研与思考

董熔　王岩　沈利峰　蒋涛

（上海市气象局）

2019 年 8 月 15—16 日，上海市气象局由董熔局长带队赴深圳调研。调研组调研了深圳清华大学研究院、中国科学院深圳先进技术研究院和深圳市气象局，学习了深圳新型研发机构体制机制创新、深圳城市气象服务和粤港澳大湾区气象发展建设先进经验。

一、深圳清华大学研究院情况

（一）基本情况

深圳清华大学研究院是深圳市政府和清华大学于 1996 年 12 月共建的、以企业化方式运作的事业单位，双方各占 50％股份，实行理事会领导下的院长负责制，开创了中国市校合办研究院的先河。

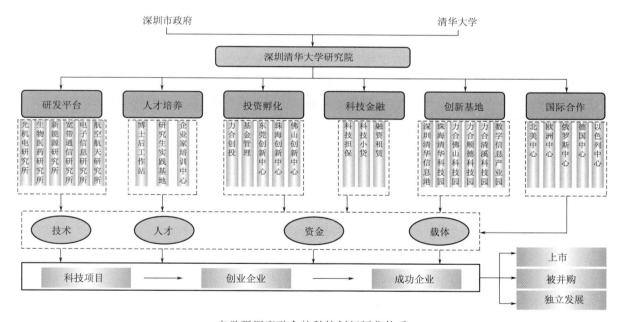

产学研深度融合的科技创新孵化体系

（二）主要经验

研究院创立初期，深圳市政府提供了研究院办公场所，研究院占地面积 1.6 万米²、建筑面积 3.2 万米²，1999 年 8 月落成使用。研究院落成后，在投入机制上，无财政拨款，依靠市场，滚动发展。

1. 体制机制创新是生命线

研究院自收自支，自负盈亏，靠自生动力滚动发展。协同创新的生命力来自体制机制创新。研究院在实践中创立了"四不像"理论：研究院既是大学又不完全像大学，文化不同；研究院既是科研机构又不完全像科研院所,内容不同;研究院既是企业又不完全像企业,目标不同;研究院既是事业单位又不完全像事业单位,机制不同。

把科技创新当饭吃的机制:现在高校把申请课题当目的,而企业则把研发当成手段,不解决好手段与目的统一问题,就解决不好协同创新的问题。研究院把科技创新当饭吃,没有创新、没有产业化,实验室就无法立足,研究人员收入也会大受影响。

项目决策机制:项目判断由技术专家、投融资专家共同参与,增加市场与收益的考量。以"研发中心+产业化公司"模式运作引进多个重大科研项目并实现转化。

用人机制:突破事业单位编制限制,任人唯贤,全员聘用。

投入机制:将科研经费、机制创新和人才捆绑在一起,配套投入,重视对重点人才的支持。

激励机制:研发团队分享技术股权,用股权激励拴住人才。

2. 清华科技资源与区域发展需求对接

清华大学积极支持专家教授到研究院建立实验室,组建应用研发团队,瞄准深圳产业需求,发挥清华学科优势,在电子信息、先进制造、节能环保、新材料等领域,推动学校科技成果的产业化,催生一批高科技企业。

3. 协同创新与企业孵化相结合

解决科技与经济两张皮的问题,关键是能否把科技成果的价值体现在企业的报表上,而不是奖状上。研究院建立起贯穿"技术项目—创业企业—成长企业—成功企业"的全方位孵化模式,从单个企业孵化发展到产业链条孵化,形成了鲜明的"孵化企业的企业"的发展特色。

4. 协同创新与资本、金融相结合

研究院于1999年成立力合创投,是国内较早的创业投资公司之一,作为主要投资平台,发挥了技术与资本结合的桥梁和主体作用,较早地将科技创新与资本市场结合起来,创办、孵化、投资了多家上市公司。在技术与资本结合的基础上,研究院继续探索科技与金融协同创新的道路,致力于金融助力的科技成果转化,借力于科技特色的金融体制创新,初步形成较完整的科技金融体系,包括创业投资、股权基金、小额贷款、科技担保,并与国家开发银行及深圳市政府一同发起、申请筹建科技银行等。

5. 协同创新与国际资源相结合

先后创立北美(硅谷)、英国、俄罗斯、德国、以色列和美东(波士顿)6个海外实体创新中心,在引进国际人才和高水平科技项目的同时,将国内的优势科技项目推向国际。

二、中国科学院深圳先进技术研究院情况

(一)基本情况

2006年,中国科学院、深圳市人民政府、香港中文大学,在深圳市共同建立中国科学院深圳先进技术研究院(以下简称"先进院"),实行三方理事会的管理制度,定位于提升粤港地区及我国先进制造业和现代服务业的自主创新能力,推动我国自主知识产权新工业的建立,成为国际一流的工业研究院。

(二)主要经验

先进院充分利用立足深圳,毗邻港澳的地缘优势,对接国际前沿,与香港等海内外高校及科研机构积极开展合作,努力构建"科研、教育、产业、资本"四位一体的微创新体系,发挥学科交叉与集成创新优势,致力于现代制造业和现代服务业的核心、共性关键技术研发,以打造一流的研究基地、领军人才培养基地和制造企业孵化基地。

1. 大力引进香港知名教授

先进院充分利用与香港中文大学共建的新型体制机制以及中国科学院良好的科研平台优势,先

后引进 7 名全职和 34 名兼职香港教授来先进院工作;以"双聘教授"模式开展交流。先进院与香港高校双向互聘教授及研究人员,组建研究课题组或授课,以使深港双方科教人才更加熟悉彼此科研环境、市场环境及政策环境。合作举办大型国际国内学术会议,营造了深圳良好的学术氛围和国际科技影响力。

2. 引入香港教授牵头组建研究中心

先进院自建院之初就依托引入的多位国际知名香港教授,成立了多个研究中心,为与香港地区的科技合作搭建了良好平台,目前由香港教授任中心主任并牵头组建的研究中心已达 12 个,截至 2018 年,先进院与香港高校合作发表论文共计 2357 篇。香港各高校毕业生在先进院就职的超过 87 人,并大部分已经成长为先进院科研与管理骨干。

3. 积极鼓励香港教授申请境内科技项目

先进院大力鼓励香港教授依托先进院争取国家及地方项目,并经与科技部、基金委、地方政府科技部门等多方沟通协调,从政策和制度上理顺了香港教授申请境内科技项目的渠道。目前由香港教授作为课题负责人承担科研项目 80 余项,总经费超过 2.5 亿元。

4. 与多所港校组建联合实验室

2012 年先进院与香港中文大学、香港大学合作共建的 5 个"中国科学院-香港地区联合实验室",2018 年获新认定 1 个,领域涉及材料、生物、自动化、人工智能、新能源等,产学研合作成果获各级科技主管部门及在港机构的一致好评,起到了深港科研合作体制机制改革先锋示范作用。联合实验室本着互利共赢、优势互补、共同发展的原则,共同构建了相互支持、统筹协作、共享资源的科研环境,不断加强源头创新,提高关键核心技术能力,并积极推动相关科技成果产业化。

三、粤港澳大湾区气象监测预警预报中心情况

(一)预警预报中心的定位

位于深圳的"粤港澳大湾区气象监测预警预报中心"(以下简称"预警预报中心")是中国气象局统筹规划布局在粤港澳大湾区建立的具有全球影响力的新型气象研究机构,着眼粤港澳大湾区建设全局和气象长远发展需求,通过协同科技创新,发挥辐射作用,提升气象防灾减灾能力,支持港澳气象部门融入国家气象事业发展大局,共同服务粤港澳大湾区建设。

(二)预警预报中心享受的相关政策

预警预报中心由中国气象科学研究院、广东省气象局、深圳市气象局合作筹建(2019 年 12 月 24 日正式运行)。深圳市政府先期投入 5000 万元启动经费,预警中心落地深圳市深港科技创新特别合作区,选取长富金茂大厦 1180 米^2 场所作为办公用房(办公用房租用费用含在 5000 万元内),可享受该特别合作区内相关政策,包括:高层次科技人员享受与深圳前海自贸区相同的个税政策,或者参照香港个税政策;通过资金池实现双方科技资金的互通;高端人才可同时叠加享受到国家、省、深圳市、福田区以及合作区内的各项人才优惠政策;合作区已开通直达香港科技园的直通巴士;合作区内有直通香港的专用数据线,并提供完整的境外数据服务。

(三)预警预报中心的运行机制

预警预报中心是由中国气象科学研究院、广东省气象局、深圳市气象局合作成立的事业单位,实行理事会管理制度,业务主管单位为中国气象局。预警预报中心不定级别,不定编制,实行企业化运行管理,人员签订劳动合同,按照企业人员身份参加社会保险。

四、思考与建议

当前,上海气象部门围绕上海气象科技创新体系建设开展了一系列科技体制改革试点、成果研发转化平台建设和协同创新网络构建等工作,目标是依托国家级科研院所上海台风研究所,在上海建设亚太台风研究中心,未来要建成以上海台风所为核心的亚太区域台风业务关键科学问题联合攻关的国际研究平台,并以此引领上海气象科技创新能力全面提升,创新资源不断积聚,协同创新体系不断完善。这其中重点任务包括:一是继续深化上海台风研究所改革发展,二是依托台风所建设亚太台风研究中心,三是进一步提升上海气象科技研发与转化能力。因此,结合深圳新型研发机构建设的经验,对于上海气象科技创新体系建设三大任务有如下建议。

(一)多方合作、多方共建,促进上海台风所机制体制改革

在深化台风所机制体制改革工作中,应充分借鉴新型研发机构开放灵活的管理运行机制,探索多方合作、多方共建模式,如借鉴中国科学院深圳先进技术研究院实行中国科学院、深圳市人民政府、香港中文大学三方理事会的管理制度,我们可以探索由主管部门(中国气象局)、上海市政府和国外知名高校(如夏威夷大学)联合建设成为"台风研究院",充分发挥与国外高校共建的新型体制机制优势,让项目和人才流动畅通。以全聘或双聘方式,引进国外知名教授和科技人员来台风研究院工作,由国外教授牵头组建研究团队,鼓励在聘国外教授申请境内科研项目等。

(二)实现自我"造血",打造亚太台风研究中心

为落实中国气象局与上海市人民政府第七届部市合作会议要求,推进亚太台风研究中心建设,打造亚太区域台风业务关键科学问题联合攻关的国际研究平台,我们应充分借鉴中国科学院深圳先进技术研究院和深圳清华大学研究院等"深圳样本"经验,打造新型研发机构。积极争取上海新出台的《关于促进新型研发机构创新发展的若干规定(试行)》(沪科规〔2019〕3号)政策红利,探索注册一个企业化运作的独立法人机构来具体开展亚太台风研究中心建设工作;在用人机制上突破编制限制,打破"铁饭碗",用市场的薪酬水平吸引国内外高端创新人才;通过承担国内外研究课题和气象科技成果转化项目,实现研究中心自我造血功能。尽快启动亚太台风研究中心的筹建工作,尽早谋划、设计研究中心的运行模式和运行机制。

(三)提升转化孵化力,建设上海气象科技研发与转化应用平台

在上海气象科技研发与转化应用平台建设中,应充分实践清华研究院"以体制机制创新加速成果转化"的成功经验,更好地开展科技成果转化与科技企业孵化服务。平台要进一步完善运作机制,在项目决策时,由技术专家、投融资专家共同参与,增加市场与收益的考量;在研究方向上,则把市场作为配置创新资源的关键要素,成果考核由市场效益衡量;在激励与规范机制上,坚持"研发团队分享技术股权,管理团队合法持有股权",实现单位与个人的利益共享;强化以市场化理念运作科技成果,实现资本与科技资源的全面对接,孵化培育科技型气象企业。

"取长补短、落实赶超举措"专题调研报告

葛小清

（厦门市气象局）

为摸清台湾气象事业发展现状，包括观测、预报预警、气候、服务、科技、人才、管理等方面内容，对比分析两岸气象事业发展差别，结合闽台气象交流实践，取长补短，研究提出落实赶超和两岸气象融合发展新举措，调研有关情况如下。

一、台湾气象工作现状

（一）组织架构

台湾气象部门的业务涵盖气象、海象和地震等 3 大领域，工作重点为气象、海象监测和预报、地震监测和预警。台湾气象部门设第一组、第二组、第三组、第四组、气象科技研究中心等 5 个业务单位，负责政策、业务执行及气象业务发展与科技研发，有一至四等附属气象测报机构共计 36 个，分别从事气象、地震、海象测报及与气象有关的天文观测业务。员工总计 674 人，局本部 156 人；一般一等附属气象测报机构为 19～73 人；二等附属气象测报机构为 8～11 人；三、四等附属气象测报机构为 5～8 人。每年经费预算约为 23 亿新台币*。

（二）观测设施布设情况

常规气象观测。台湾建有地面观测站 574 个，其中综合观测气象站 25 个、合作观测站 12 个、自动观测站（多要素自动气象站 385 个、自动雨量站 147 个）532 个、高空气象观测站 2 个及 3 个观测站区（淡水、永康及成功）。

雷达及卫星观测。台湾目前建有新北市五分山双偏振雷达站 1 座，以及花莲、垦丁及七股等 3 座 S 波段多普勒气象雷达站。另外，设有 C 波段雷达 5 部：气象部门设在林园，民航部门设在桃园机场，军方设在清泉岗、马公、绿岛。雷达观测模式为，以每 7.5 分钟 1 次体扫，进行连续 24 小时观测。观测资料有向民航、空军等部门共享。

海洋观测。共设有 28 个浮标站，除观测、波向、海水表面温度等海象数据外，也观测海面风向、风速、气压、气温等气象资料。在潮位观测方面，共设有 65 个潮位站，主要针对潮汐及台风所引起的风暴潮进行观测。

（三）预报业务

数值预报计算能力。采用富士通公司的高速运算计算机系统。2015 年初步建成包含 8 个机柜的 FX-10 主机、5 个机柜的 FX-100 主机及所有的周边控制主机，目前系统计算能力为 1467 TFlops，磁盘储存总容量为 5.2 PB。

模式技术。采用美国环境预测中心（NCEP）的物理参数化及数据同化等技术。区域模式系统方面，采用 WRF（Weather Research and Forecasting，天气研究与预报模式）为主的区域作业系统，并与美

---

* 1 新台币＝0.2367 人民币，余同

国大气科学大学联盟(UCAR)合作,不断精进 WRF 系统的预报效能。

短临预报技术。在短时临近预报方面,从美国国家海洋暨大气总署(NOAA),引进 LAPS (Local Analysis Prediction System)系统。开发了 QPESUMS 系统,可进行雷达定量降水估算(QPE)及定量降水预测(QPF),但是在临近降水估测中使用的基本上是外推法,没有考虑强度变化,参考性有限。其他雷达应用方法的研发,都逐步应用于业务工作中。

(四)气候业务

在全球气候预测方面,采用 GFST319L60,采用的耦合方式为海、气模式同时积分。每年 4—6 月梅雨季期间每周制作统计动力旬气候预测实验周报。对彰化二林镇葡萄、台东卑南乡番荔枝、台中雾峰区水稻及苗栗三湾乡高接梨等重点作物进行服务,并向水产养殖提供服务。

(五)海上气象

提供包含潮汐、波浪、暴潮与海流预报,每日发布未来 1 个月各乡镇、渔港、海钓与海水浴场等地点的潮汐预报,预报地点达 215 个;未来 1 年潮汐表预报地点达 42 个。精细化风暴潮与海流预报技术方面,引进波浪与暴潮耦合预报技术,建设了 2 维波潮耦合暴潮雏形模式。预报范围包含西太平洋及南海等区域,预报时间为 84 小时,提供蓝色公路海流预报及休闲渔港、海水浴场及海钓地区波浪与海流预报产品。

(六)气象服务

灾害性天气服务。台风警报、灾害性天气特报及灾害性天气期间的气象信息主要以传真方式进行气象服务。

决策气象服务。暴雨、台风警报时派专业预报员进驻台湾灾害应变中心,2017 年进驻 95 人次。台湾灾害应变中心为政府救灾指挥中心,灾害来临时,由政府行政负责人命令分级启动,各救灾相关部门按照启动等级派人员进驻,中心具有较好的防护措施,确保救灾不中断,省和各县市都有设置。灾情严重时,政府行政负责人到中心进行救灾指挥。

强天气预警专业服务。制作了定制的 QPESUMS 网页操作接口,向各行业的重点监控区域提供防灾决策参考,如交通(陆路、高速、铁路、航空)、旅游、港口、机场、水利、农业等部门,向其提供辖管区域(如公路路段、铁路沿线的车站及各行政区等)的即时雨量等气象信息。开发航管待命区对流性天气系统显示功能,除利用整合回波观测提供实时监测信息外,并结合具有雷达数据同化功能的 CWB/RWRF 数值模式预报,提供未来 12 小时逐时的回波预报图,供航管参考。

网站气象信息服务。气象网站提供乡镇预报服务,包含原乡部落预报、休闲旅游景点、蓝色公路气象预报以及天气实况网页服务;提供风场预报显示图,将数值预报模式 168 小时预测结果以连续动画方式显示。

手机气象服务。台湾气象部门针对不同需求,为用户提供 3 种手机气象服务,有生活气象 APP、剧烈天气监测系统 QPESUMS APP 和应用气象 APP。

气象资料共享服务。建设有"气象资料开放平台",提供的共享资料共分为预报、观测、地震海啸、气候、天气警特报及数值天气预报等 6 大类共计 66 项数据集(数据项 328 项),2017 年度平台下载次数达到 366819451 次。

气象仪器校验服务。设有气象仪器检校中心,建有气压、温度及湿度等校正实验室,均已通过 ISO/IEC17025 国际认证规范认证,除负责本部门仪器校验维修业务外,还接受外界委托的气象仪器校正服务。

大型活动气象保障服务。提供运动赛事、社会活动保障,主要通过定制的网页、传真、电子邮件、短信为用户提供气象信息。

移动基站广播气象服务。通过移动行动宽频技术(即 4G 技术)提供,针对即将遭受台风剧烈强风影响的陆上地区,分析或预测某地区将受台风风力平均风达 12 级(含)以上或阵风达 14 级(含)以上威胁时,通过基站广播服务,提前 1～2 个小时提供实时"台风强风告警"服务。

二、对比两岸气象工作差别

(一)观测系统

常规观测。台湾建有地面观测站 574 站、站网密度为 8 千米×8 千米,综合天气站 25 个、站网密度为 40 千米×40 千米,大气成分观测站 4 个、高空气象观测站 2 个(台北、花莲),按规范定时观测,总体观测密度与大陆东部地区相近。台湾酸雨观测站数量 18 个、紫外线观测站数量 4 个,密度比大陆高,特别是酸雨观测密度比大陆高很多,且已经采用酸雨自动采样观测仪器,在大武气象站还进行"金属材料长期大气曝放试验"。另外台湾对"辐射"观测也比较重视,在 25 个综合观测气象站都有进行太阳"辐射"观测。台湾在台北和成功设有臭氧观测站,观测并分析总量和垂直剖面。台湾岛四面环海,有海洋浮标观测站 10 个,比大陆沿海密,另外台东外洋及东沙岛 2 个资料浮标为距离岸边 200 千米以上的深海观测数据浮标,观测项目有浪高、浪向、波浪周期、风力、风向、海温、气温等,观测资料在台湾气象服务网站实时显示。

雷达观测。台湾目前建有 4 座 S 波段多普勒气象雷达站,站网密度与福建省相近。另外设有 C 波段雷达 5 部。站点沿着台湾岛海岸线布设。台湾 S 波段多普勒雷达观测模式每 7.5 分钟进行 1 次体扫,与大陆每 6 分钟 1 次体扫略有差别,新一代 S 波段天气雷达业务可用性为 97.53%,比大陆略低(厦门为 99.59%)。

风廓线雷达观测。台湾只在东沙岛设有风廓线雷达,尚未业务化使用,台湾本岛没有进行风廓线雷达观测。

卫星观测。台湾接收全球主要地球同步和极轨气象卫星观测资料,也包含 FY-2G、FY-2F 和 FY-3B。

其他观测设备。台湾气象部门与环境、原子能、大学、研究院所等单位进行设备共建,在部分气象观测站建有空气质量监测、空气悬浮颗粒、环境辐射监测、汞湿沉降、大气干湿沉降、气溶胶激光雷达等设备。

(二)预报业务

台湾采用美国环境预测中心(NCEP)的物理参数化及数据同化等技术,并运行全球集合台风路径预报系统的优化及全球集合 45 天延伸期预报系统。区域模式系统以 WRF 为主。在数据同化方面有所改进,还建立了多种不同的 NWP 的统计后处理方法,提供温度类(整点温度、日间高温及夜间低温)统计产品给预报员参考使用。模式使用技术和大陆区域气象中心接近,但雷达、卫星等资料同化技术水平较高。

对比分析 2017 年台湾与福建主要预报质量检验结果,温度预报质量两地差别不大,高温预报质量台湾略好;一般降水 TS 评分两地都达到了 50 分,但暴雨预报质量 TS 评分台湾地区达到 32 分,是世界先进水平。而 24 小时台风路径预报误差,大陆明显比台湾小,大陆的 24 小时台风路径预报误差已经达到世界先进水平。

(三)气候业务

1.气候预测

台湾气象部门每周五发布《月长期天气展望》,提供未来第 1 周、第 2 周及 1～4 周的气温及雨量预报,以及每月底发布《季长期天气展望》,提供未来第 1 个月、第 2 个月及第 3 个月的预报信息。2017 年,《月长期天气展望》的气温及雨量预报准确率(Percent Correct,PC),其中 1～4 周的温度预报准确率为 0.32,第 1 周的温度及雨量预报准确率都超过 50%,准确率和大陆东部地区相近。台湾未来 1～4 周延伸期预报产品每周一次的发布频率比福建每月 1 次的频率高。

2. 气候影响评价

台湾方面的优点:对极端高低温日数、大雨及豪雨日数进行了细致的分析;通过从南到北 13 个台站各气象要素的分析,展示了台湾气候的南北差异;不仅对气象要素(气温、降水、日照)做了时间序列图,对雨日、高温日、低温日等也做了时间序列图,能够更好地展示年际变化;在分析季节特征时,更加详尽细致。以冬季为例,通过对逐日气温距平和逐日雨量的观测,展开具体成因分析,通过冷空气、最低气温的讨论,判断冬季气候特征的成因;增加了全年气候系统的分析,通过厄尔尼诺、东亚冬季风、东亚夏季风、台风等几个方面来体现;增加了长期预报检验,对各月的气温、降水预测进行检验;增加了气候摘要,包含以时间顺序列出各个季节的主要气候事件、全年本地极端天气气候事件、全年全球重大天气气候事件。

大陆方面的优点:对气象要素风,从风速、风向等方面有很详细的分析;主要天气气候事件这部分更加详尽,对影响本地的主要天气气候事件(暴雨、台风、高温、干旱、大雾、霾等)进行了详细的阐述;分别对农业、渔业、林业、水利、海洋、电力、保险、旅游、航空、环境空气质量、地质灾害、人体舒适度等多个方面进行了分析,通过可靠的数据支撑,分析气候对其的影响;增加了城市热岛的监测。

三、福建气象部门落实赶超建议

台湾地区在生态环境观测与评估、海洋观测、天气雷达应用、暴雨预报、延伸期-气候预测服务产品的无缝隙程度、海洋气象服务及气象工作的检验与绩效评估工作等方面具有很多值得学习和借鉴的地方。为落实赶超,现提出以下加强的举措。

(一)观测系统

加强生态环境项目观测。随着酸雨自动观测系统的推广布设,建议在目前全省 4 个酸雨观测站点的基础上加密布设,到 2020 年增加到各地市都有酸雨监测站点。

增加太阳辐射观测项目。福建省目前只有福州、建瓯、永安等 3 个观测站有辐射观测项目。为加强生态环境评估,促进绿色产业发展,建议各地市增加太阳辐射观测项目,在"十四五"时期加密部署到各县区市。

在大城市区建设最新双偏振相控阵雷达网。加强对短时强天气的追踪和精细监测,将厦门狐尾山雷达改造为训练平台,用于雷达机务培训以及科普教育宣传使用。在强天气过程出现时,开启 RHI 扫描对强回波进行追踪,观测数据可用于业务及科研使用,提高天气雷达应用水平。

加强海洋气象监测。加强海上气象监测系统建设是综合防灾减灾救灾提出的新要求,是着力打造福建自贸区厦门片区、东南国际航运中心和国际邮轮母港的迫切需要,是服务海上丝绸之路建设的迫切需要,也是支撑生态文明建设的迫切需要。一是主要充分利用无人岛礁、海上船载以及沿海港口等海上和沿海布局点,重点针对港口海域和海上重要航线,增设海洋气象监测站点,在更大范围获取海洋气象信息。二是针对海洋-大气系统间的相互影响作用,建立海洋气象垂直观测网和特种观测,提高厦金航线、翔安新机场周边海域局地强对流和海雾等高影响天气探测能力。三是共享台湾海洋气象观测资料。

(二)预报业务

加强新型探测资料的同化技术应用研究,加强雷达风场反演等新技术的推广应用,提高短临预警能力。加强灾害性天气本地客观预报方法研究,不断提高暴雨等强天气的预报准确率和精细化水平。

(三)气候业务

加强延伸期预报能力研究,增加延伸期预报的制作发布频次,每周发布中期延伸期气候预测的无缝隙预报产品。

根据服务需求,提高气候监测评估的科技水平,对影响生态文明建设的要素进行详细分析和重点评估。

(四)气象服务

加强海洋气象预报服务系统建设,提高海上交通气象保障服务、重要港口气象服务等能力,提高对台风的监测预报能力,提升海洋气象灾害预报预警服务的能力,实现责任海区全覆盖、主要港口(安全生产和引航)全覆盖、近海主要航线全覆盖、海上搜救全覆盖,提升重大或高影响海洋灾害性天气预警信息发布的有效覆盖,全面提升海上活动、海洋工程现场和军事活动等涉海活动的海洋气象预报服务保障能力。

(五)加强气象工作绩效总结

台湾每年编制《气象年报》《观测年报》《预报年报》《气候年报》,其中《气候年报》类似于我们的《气候监测公报》,这些年报既是一年气象工作的总结档案,也是一年气象工作绩效的评估,值得我们学习借鉴,可以作为推进研究型业务的一项举措。厦门今年已经开始编制或完善了这四个年报,同时还推进了厦门灾防中心能力建设,既是业务的工作档案,也是气象工作的年度绩效评估。

关于激励全市气象部门干部担当作为政策措施、激发人才活力体制机制的调研报告

顾建峰　段绸　喻桥　文丘　张守凯　印鹏　曹红丽　余佳　傅昭君　骆方

(重庆市气象局)

为认真贯彻党中央、中国气象局党组和重庆市委"不忘初心、牢记使命"主题教育有关部署,由市局党组书记、局长顾建峰牵头,组织人事处、预报处组成调研组,开展了以"激励气象部门干部担当作为政策措施、激发人才活力体制机制"为主题的调研。

一、全市气象部门干部人才队伍现状

(一)干部队伍现状

1. 党组管理领导干部情况

截至 2019 年 7 月 20 日,市局党组管理干部共 128 人,其中,正处级领导 38 人、副处级领导 73 人、正科级领导 17 人。

2. 各单位中层干部情况

截至 2019 年 7 月 20 日,市局各直属事业单位、各区县气象局的中层干部共 226 人,其中,各直属单位 78 人、区县气象局 148 人。

(二)人才队伍现状

截至 2019 年 7 月 20 日,全市气象部门人员总数为 1189 人,其中,国家编制 711 人、地方编制 120 人(含市级地方编制机构)、编外人员 358 人(含外聘和劳务派遣)。

二、现状特点及主要做法

(一)干部人才现状特点

中层以上干部学历较高。市局党组管理干部和各单位中层干部大学本科以上学历占比分别为99%、90%。市局党组管理领导干部高级以上职称占比较高。副高以上职称占比 42%。中层以上干部专业分布较合理。除气象专业类外,市局党组管理干部、各单位中层干部其他专业类分别占 41%、48%,结构分布较合理,利于事业均衡发展。中层干部队伍总体年龄较为年轻。全市中层干部平均年龄为 41.4 岁,45 岁以下的中青年干部占比 69%。市局高学历、高职称人才占比合理。硕士研究生以上学历占 41.5%、副高以上职称占 38.6%。地编人员学历层次普遍较高。市局和区县地编人员本科以上学历分别占 100%、98%。

(二)激励干部担当为主要做法

1. 不断鲜明用人导向

坚定不移落实好干部标准,把政治标准放在首位,注重落实从气象业务一线、艰苦地区、基层台站选拔优秀干部,注意选拔使用女干部、少数民族干部,鼓励干部到急难险重和艰苦边远地区历练精神。

2. 逐年加大培养力度

一是加大干部培训力度。2018 年以来全市气象部门各类培训达 2080 人次。分别与重庆大学、江西干部学院等联合组织党的十九大精神集中轮训、"不忘初心、牢记使命"党性锤炼专题培训。干部培训纳入地方组织部门常态化管理。二是强化干部实践锻炼。出台干部挂职管理办法,鼓励干部挂职交流,进一步加大培养交流力度,2018 年以来选派优秀干部上挂下派、东西部交流 85 人次,驻村扶贫 71 人次。

3. 不断优化培养环境

2017 年以来,1 人被聘为专业技术二级岗;新增正研 4 人,达到 14 人。近 10 年,科技经费投入 1.1 亿元,年均增长约 37%。科研立项数量稳中有升,2018 年达 70 余项,其中国家自然基金项目 1 项,国家重大自然灾害专项 2 项,增幅明显。加大科研合作与人才培养,与各类平台、高校合作开展智慧气象建设,派出 10 人到美国俄克拉荷马大学交流学习数值预报核心技术;参加长江流域 11 省市气象数值预报联盟,联合研发长江经济带高分辨率数值预报核心技术。创新科技人才管理,出台了《重庆市气象部门科技成果转化与激励管理办法(试行)》等 8 部科技创新管理办法,组建了 12 个智慧气象技术创新团队。注重关心关爱基层一线人员,在职称评审工作中加大对基层业务人员的倾斜力度。

三、调研发现的问题及原因分析

(一)政治站位有待提高,责任意识仍需加强

调研发现,部分干部守初心、担使命的责任意识有待加强,站在国家和地方发展层面谋划事业不够,容易满足于完成日常事务性工作,不同程度存在不担当、怕担当,不作为、乱作为的情况。

(二)基层党组(领导班子)政治引领还不够,干事创业敢担当的内生动力还不足

全市气象部门基层党组(领导班子)思想政治工作力度还不够有力、效果还不够好,教育缺乏渗透力和感召力。在如何以习近平新时代中国特色社会主义思想为指引,培养干部职工"立足岗位,建功立业"的奉献精神,如何调动干部职工的积极性和主动性上,办法还不多,无法更好地激发干事担当的内生动力。

(三)激励措施不够实,创新活力略显不足

收入分配未体现多劳多得。绝大多数人认为目前全市气象部门缺乏有效的激励机制,收入分配存在平均主义、"大锅饭"现象。事业人员收入完全与职称挂钩,未与工作任务、业绩、责任挂钩,存在干多干少一个样,甚至存在干多得少的情况。各类身份藩篱难以打破。各种固化身份限制难以打破,人才招录及流动受限,地编、外聘人员择优进国编问题仍未有效解决。考核制度执行不够严格。部分单位为平衡内部关系,未真正落实考核机制,存在"老好人"现象。领导干部、专业技术人员岗位聘用能上能下执行不到位。

(四)培养效果不凸显,担当能力还需提高

交流力度与需求还有差距。虽然市局近两年加大了挂职交流的力度,但与需求相比还存在差距。

不少人认为,市局对科研项目的帮扶和指导还不够,区县局人员申报和参与高层次项目的机会不多,科研、业务上下交流协同还不够。有效的激励措施还显不足。现有人才培养多以事后奖励为主,系统的、有效的跟踪培养措施还不足,已有措施宣贯还不到位,人才培养合力仍未形成,业务人员满足于发论文、评职称,部分职称高、年龄偏大的人员缺乏动力,导致干事少、拿钱多,甚至还存在负面影响。提升履职能力的效果还有差距。大多数干部能认识到自身能力与事业发展要求的差距,需要加强培训,但高层次培训名额有限,难以满足需求。市局每年组织大量专业技能、入职等方面的培训,但培训中宏观的、政策性的内容多,结合实际案例研讨不够,针对性、实效性与预期还有差距。

(五)容错案例不多,干事顾虑较大

气象部门暂无容错纠错方面的规定,部分干部面对新问题、新状况,不敢创新突破,担心被追责问责,等上级作出新的指示或安排后再采取行动,"等靠要"现象明显。虽已有部分区县陆续出台相关政策,但真正运用此类政策为干部容错的案例还不多。

四、对策建议

(一)不断强化政治引领,进一步激发干部人才干事创业敢担当的内生动力

进一步教育引导干部职工用习近平新时代中国特色社会主义思想武装干部头脑、指导实践,以高度的政治站位和强烈的责任担当投身于气象现代化建设中。一是站在讲政治的高度激发干部担当作为。教育引导干部职工在贯彻落实习近平总书记重要指示、主动服务中国气象局和市委市政府决策部署、回应人民群众对气象服务新期待的具体实践中彰显初心使命。二是以实干促担当加强干部政治素质提升。各级党组(领导班子)要深入贯彻落实习近平总书记对重庆提出的"两点"定位、"两地""两高"目标和"四个扎实"要求,发挥好"三个作用",贯彻落实第四次部市合作联席会议精神和合作备忘录任务,精心谋划实施六大气象工程,全力推动新时代气象现代化高质量高品质发展。三是率先垂范、以身作则带头担当作为。各级党组(领导班子)要以强烈的政治担当、历史担当和责任担当,切实带头履职尽责、带头承担责任、带头抓好落实,充分发挥"头雁效应",带领本单位干部各尽职责、各履其责、各展所长。

(二)坚持突出政治标准,大力培养选拔敢担当能作为的优秀干部人才

一是进一步强化跟踪培养。建立干部人才定点联系机制,在全面、动态掌握基本情况基础上,跟踪培养政治素质过硬、敢担当愿担当的干部人才,帮助他们找准弱项、补齐短板,促进他们提高解决实际问题、处理复杂矛盾和做群众工作的能力。二是进一步加大干部人才交流锻炼力度。以急难险重任务、脱贫攻坚工作为抓手,进一步加大干部上挂下派、机关与事业交流、东西部交流和与地方部门的横向交流力度,提升干部综合素质和能力。三是全方位、针对性地开展培训。进一步挖掘培训资源,借助中国气象局干部培训学院、市委组织部、地方培训机构等培训力量,有针对性地开展各层级干部轮训及专题培训。四是鲜明用人导向。坚持好干部标准,大胆提拔使用信念过硬、政治过硬、责任过硬、能力过硬、作风过硬的干部,大力选拔培养敢于负责、勇于担当、善于作为的干部。加强监督,从严管理干部,注重从基层遴选优秀干部人才到市局工作,优先晋升扎根基层、奉献基层的优秀干部。

(三)持续强化改革创新,努力破解体制机制难题

一是锐意改革、不断创新。稳步推进事业单位绩效工资改革,鼓励多劳多得、按劳分配;修订完善地编和编外人员择优进编制度,积极争取支持,努力解决各种身份转换难题;探索研究容错纠错机制,为担当者撑腰鼓劲;完善干部人才评价考核机制,坚持事业为上,精准科学选人用人;探索建立

非领导任期考核制度,将常规考核与重点考核、平时考核和定期考核有机结合,大力营造干事创业的良好氛围;探索建立人事与巡察、审计、信访等工作定期沟通机制,将发现的问题纳入干部人才的监督考核工作中;实施重庆"两江之星"气象英才计划,构建人才发展体制机制;执行重庆市气象部门科技成果转化与激励管理办法,保障科研人员合法权益、激发科技人员内生动力。二是权力下放、权责对等。给基层更多自主权,鼓励基层在干部人才培养、绩效工资改革、激发人才创新创造活力等方面大胆改革、先行先试,市局相关部门加强监督指导,为基层改革创新做好服务工作。三是上下联动、形成合力。建立上下协同培养机制,完善和公开科技项目管理信息、组织经常性的技术交流,促进市局和区县人员互相交流学习,市局相关人员定向、定期对区县科研和业务进行指导,区县派人员到市局进行学习。科研申报向基层倾斜,市局的科研项目、创新团队吸纳区县人员参与,为区县业务技术人员开展科研提供高层次的平台。

关于气象服务与地方融合发展的实践思考

张玉成

（黑龙江省牡丹江市气象局）

为深入推动牡丹江市气象事业的高质量发展，促进气象工作与地方工作的有机融合，牡丹江市气象局调研组先后赴部门内外有关单位进行调查研究，主要成果如下。

一、气象服务与地方融合发展现状

（一）气象服务融合发展潜力巨大

我国的气象服务工作经历了一个漫长的发展过程，早在民国中期就提出过气象为工农牧渔业服务的设想。1912 年我国成立中央观象台，1930 年开始发布天气预报和台风警报，1944 年在陕甘宁、晋冀鲁豫解放区建立了 6 个气象站，主要用于为抗战提供保障服务。随着经济社会的发展和人民生活水平的提高，国家和社会公众对气象服务的需求空前增长，人们对气象服务的需求，不再是简单的气象实况监测和预报预警信息，社会公众对气象服务质量的要求越来越高。例如，在水电行业、交通行业、风能太阳能资源开发论证、烤烟晒烟、农业气候区划等方面，均提出了精细的气象服务需求。气象服务不仅国内需求增长，国际需求也在增长。以黑龙江省为例，黑龙江省远东地区境外合作园区达 66 个，在俄合作开发耕地面积达到 520 万亩*，生产粮食等农产品 30 万吨，粮食回运 10 万吨，而从境外企业园区的农业生产到运销、加工、贸易的整个过程，专业化的气象服务几乎空白。这些都为气象服务的延伸与拓展创造了机遇。

（二）气象服务融合地方发展框架已经拉开

目前，从 WMO 层面看气象服务的发展框架已经拉开。WMO 气象服务战略的两大目标聚焦于减轻灾害风险和提供公众服务两大方面。未来气象服务的战略重点领域包括防灾减灾保障、公众服务、粮食安全服务、能源与环境质量服务、交通气象服务、城市气象服务、人的活动与健康服务、智能气象服务等应用气象服务领域。从气象服务的手段和途径来看，气象服务无论从服务范围、服务方式，还是服务手段，都发生了或正在发生着深刻的变化，综合化、社会化、科学化、计算机化是这一时期的显著特征。气象服务的有偿化、生产的企业化、运行的商业化，成了一种不可逆转的趋势。由此可见，气象服务向专业化、信息化、智能化发展框架已经拉开，推动气象服务与地方经济社会发展的各领域、多方位、全链条深度融合将是气象事业加快发展的助推器。

二、气象服务与地方融合发展存在的主要问题

基层气象服务与地方融合发展方面既存在思想理念的问题，也存在气象科技业务发展程度和运行机制体制方面的问题，还有社会公众认知方面的问题。

---

* 1 亩 ≈ 666.7 米^2，余同

(一)基层部门融合发展理念认识有偏差

基层气象部门业务单一,对地方经济社会发展的各行业认识不深,对于各行业发展的新技术、新产业、新趋势、新业态往往掌握不及时,不能紧跟社会发展节奏步伐。不同程度存在"关门办气象"的思想,缺少主动"外联内合"共享共赢的理念和设想,致使气象服务步伐跟不上经济社会发展节奏。

(二)自身业务能力还存在诸多不足

能力不足方面的问题主要体现在基层综合气象观测不能满足社会多样性、个性化的需求,如在境外俄罗斯远东地区中国企业回运粮食路途中对于全程的气象信息服务需求无法满足。对于突发气象灾害的监测不够精密、服务不够精细,如在森林火灾中,对于垂直梯度的风向变化无法掌握。气象灾害预警信息传播覆盖面不广,预警信息针对性、及时性不强,如局地短时的突发性天气预警信息无法及时靶向定位易受灾人群,诸多问题制约着气象服务的融合发展。

(三)气象服务融合发展的体制机制不畅通

各级党委政府及部分部门对于气象防灾减灾工作不同程度存在着重视不够的问题,更多地倾向于趋利,对于避害的认识不足,对于气象服务的支持力度、开发力度、传输保障力度不够。气象服务工作大部分仍然依靠气象部门单打独斗,运行中诸多环节受限制,存在着"襄王有意,神女无心"的现象。

(四)社会公众认知程度还不到位

社会、企业、农户和各行业对于气象服务的认知和对气象知识的掌握与发达国家还有很大差距。大多数社会团队和企业对于气象服务产品的应用还简单地停留在表面,二次开发、二次利用能力明显不足。广大农业企业和农户对气象服务的认知还仅仅停留在温度和降水方面,缺少综合分析利用的科普知识储备。

三、气象服务与地方政府融合发展思考及建议

虽然受区域文化、地理、资源、环境、制度等条件对区域融合发展的影响,气象服务与地方的融合程度略有不同,但无论在何地,气象服务社会化与地方的产业化发展的"两化融合"可以起到 $1+1>2$ 的效果。气象部门应着眼于共建、共治、共享,根据地方发展的方向和侧重点,找准气象服务与地方融合发展的路径,建议主要从农业生产、信息化建设、工程技术、应急响应、政府绩效考核五个方面进行融合。融合的模式应该按照"上下联动、需求牵引、协同推进"的模式进行。

(一)深度融合农业生产

随着新技术、新品种、新装备在现代农业上的应用与发展,现行的农业气象业务、技术、服务和理念已不适应现代农业的发展。气象与农业生产融合重点应该围绕核心、中枢、拓展、方式四个关键词进行。核心就是需求型业务的建立,围绕现代农业品牌,对症下药,按需供给。中枢就是技术方法与模型指标的构建,这是预判、识别和控制的关键。拓展就是业务体系的延伸,将监测、预报、预警以及信息发布,延伸至现代农业产业全生产链中。方式就是通过什么渠道和办法将气象现代化成果链接到现代农业产业链中。主要融合链条一是建立农业气象监测站网,二是通过试验、研究建立农业气象服务指标体系,三是结合指标自动提供气象预报服务产品,四是进行灾后影响评估及修正。

(二)深入开展信息跨界融合

当今,以云计算、大数据、物联网等为代表的新一代信息技术和产业创新日新月异,全球信息化进入

全面渗透、跨界融合、加速创新、引领发展的新阶段。如果气象部门不能及时改进技术体系和业务体制，以适应新一代信息技术发展，则可能在国际竞争中落伍。气象服务信息融合应该包括旅游、交通、健康医疗、保险等受气象因素敏感的领域。融合主要是通过现代化的信息技术，运用"互联网＋"技术开展融入式、交互式的气象信息融合，让"人找信息"，变成"信息找人"，让"人找服务"变成"服务找人"。例如，根据旅游业与气象之间存在的耦合关系，信息融合应考虑直接构成旅游景观云海、极光、海市蜃楼等独具特色的自然风光的最佳观赏期以及天气状况的旅游导向融合，以及为地方发展开发旅游气象气候资源提供支撑等方面。交通领域对气象条件具有高敏感性，气象与交通领域的信息融合应围绕公众的交通出行、灾害性天气中气象交通职能提醒与强制管控、交通运输工具中能源的利用与二氧化碳的排放等方面。在远东地区中俄贸易中，可在中俄贸易专列上建设交互式智能交通气象观测系统，为中俄贸易提供全程气象服务。健康医疗领域应该在数字化的医疗设备、医疗环境等方面，围绕医疗室的自然通风换气、自动加湿治疗设备、宜居养老医疗条件模型等方面。保险领域应重点围绕农业气象灾害保险、交通气象灾害保险等方面。

（三）在应急响应方面与地方政府融合

在现代社会中，应急管理是指政府及其他公共机构在突发事件的事前预防、事发应对、事中处置和善后管理过程中，通过建立必要的应对机制，采取一系列必要措施，保障公众生命财产安全，促进社会和谐健康发展的有关活动。我国应急管理体制采用的是统一领导、分级负责、综合协调、分类管理、属地管理为主的原则。国家对于应急管理工作高度重视，在机构上还组建了应急管理部，而作为应急管理中的重要组成部分，气象灾害造成的经济损失相当于国内生产总值的 $1\%\sim3\%$，秦大河研究显示为 $3\%\sim6\%$。面对气象灾害频发易发的趋势，气象灾害监测预警、防御和应急救援能力与经济社会发展和人民生命财产安全需求不相适应的矛盾日益突出，将气象应急管理融入地方应急管理尤为重要。基层气象部门应从建设气象灾害预警工程体系、应急响应系统工程服务体系、气象灾害应急管理评价体系三个方面深度融合到地方应急管理中，要结合气象预警工作的前瞻性，打造气象应急响应"高地"，做到有为有位。

（四）与地方绩效考核融合

目标工作一向具有导向性，将气象工作正式纳入地方政府目标考核或绩效考核，可以把气象防灾减灾与政府利民富民紧密结合起来，可以使得气象工作深度融入地方经济社会整体工作，避免"单打独斗"，对于强化政府主导的气象灾害防御工作也至关重要。气象工作与地方绩效考核深度融合，对于推动气象工作具有事半功倍的作用。气象工作融入地方政府考核的主要方面是气象防灾减灾，重点围绕基层气象灾害组织体系建设、气象灾害防御效果检验、防汛体系组织建设、气象灾害防御保障能力建设等四个方面。在强化"政府主导、部门联动、社会参与"的基层组织体系建设上，要科学界定考核内容、引导多方参与气象灾害防御考核、探索多元应用评价结果的长效机制，使考核更好地服务气象防灾减灾作用发挥。

（五）与工程技术融合

现代的气象业务、技术、服务和理念已不适应现代经济社会的发展，气象服务真正落地生效，产生经济效益，就必须与工程技术领域相融合。将固有的气象数据变成开放的衍生数据产品，融入具体的技术产业中，走"数据＋技术＋产业—产品/工程应用"的融入式路线，利用"市场化＋专业化＋职业化气象科技公司"将数字化技术等智能气象元素融入产业来扩大气象服务的经济价值，重点围绕农业现代化工程技术、工业储运现代化技术、企业智能现代化工程技术、社会公众生活智能服务工程技术等四个方面进行。例如，可以打造与手表厂商的融合，将气象监测与体温、运动数据、健康指标有效融合，提供健康参考。可以尝试通过互联网的云端建立能够自动快速汇总探测数据、预报数据并生成农业主体生产需求的农业气象灾害预报、预警产品，以响应农业主体个性化需求。

制约三州气象事业发展的突出问题及对策调研报告

彭广　游泳　付婷婷　姚志国　祁生秀　刘琦

（四川省气象局）

根据"不忘初心、牢记使命"主题教育调研工作计划,四川省气象局开展了"制约三州气象事业发展的突出问题及对策"的主题调研,先后实地调研了甘孜州气象局及所属道孚、炉霍、色达、甘孜、新龙、雅江等6个县气象局,现将调研情况汇报如下。

一、三州气象事业发展现状

近年来,三州气象事业通过气象现代化建设、灾后恢复重建和一系列促进发展措施的落实,取得了一些长足进步。

(一)加大建设投入,台站基础设施大幅改善

近年来,中央和地方财政通过台站基础设施、山洪配套、灾后恢复重建等项目,对三州的州县两级基础设施进行了综合改善,累计投资达到2.3亿元,占全省总投资的36.9%。截至2019年年底,除理塘、会理等6个台站因土地、规划等原因尚未实施项目改善外,已有42个台站完成综合改善,占总数的87.5%,改变了县局房屋狭小、环境脏乱差的历史,改善了职工工作、生活环境,且三州大部分县局都建起了值班公寓。

(二)加强能力建设,气象现代化取得重要进展

观测站网基本覆盖三州,目前已建成国家级台站48个、国家地面站(骨干站)170个、区域站1099个、高空站4个、土壤水分观测站22个、农气观测站9个、雷电观测站25个、GPS/MET水汽观测站25个、新一代天气雷达3部、风廓线雷达2部、车载移动雷达4部;建成基于双运营商准负载均衡的广域网系统、高清晰视频会商系统以及基于北斗的应急通信系统。预报预警能力明显增强,2018年暴雨(雪)、大风、雷电、冰雹预警信号命中率达90%以上,平均时间提前量超30分钟。

(三)强化融入发展,气象防灾减灾成效显著

近年来,三州气象部门认真履行"防灾减灾,气象先行"的工作职责,在连续遭遇"6·24"茂县山体垮塌、"8·8"九寨沟地震、两次金沙江堰塞湖事件、凉山木里森林火灾等在全国有重大影响突发灾害的严峻形势下,以科学精准监测预报赢得防灾减灾主动权,气象保障服务卓有成效。围绕高原特色农产品发展需求,积极完成青稞、牧草、车厘子等农业气候区划共129项。甘孜、阿坝为湿地保护修复开展常态化人工增雨,凉山为地方烟草经济发展提供人影防雹服务,每年开展地面防雹作业2700次,保护烤烟种植面积83.2万亩,经济效益达2亿元。

(四)实施人才战略,保障发展能力明显增强

加大人才引进力度,适当放宽招录人员的学历和专业要求,近三年补充人员84名,三州缺编问题得到一定程度缓解。加强专业技术人才培养,职称评审政策上适当倾斜三州等艰苦边远地区业绩、论文等要求,近三年分别有56人和26人取得中级、副高级职称资格,分别占总人数的18.1%和20.6%。制定

本科以上毕业生学费报销等人才补贴政策,继续实施定向生培养、东西部人才对口交流政策,三州人才队伍整体素质大幅提升,保障事业发展能力明显增强。

(五)加大统筹倾斜,经费保障力度大幅提升

省局持续加大对三州气象部门经费支持力度,专项安排职工体检、艰苦台站车辆运行维持补助、维稳、公用补助等特殊事项,对三州干部职工津补贴、医疗保险、公积金等人员经费已经兜底解决。2019年,三州气象部门在职人员经费达到 11.42 万元/(人·年),比其他部门高 49%,在职人均公用经费 2.91 万元/(人·年),比其他部门高 62%。

二、存在问题

(一)进人难留人难的现状未得到根本解决

一是干部队伍不稳定因素仍然突出,三州人员流动频次显著高于其他地区。近年来,省局积极为三州补充引进大学毕业生,但由于条件艰苦,人员辞职比例偏高,如甘孜州近三年招聘了 56 名大学毕业生,但职工辞职人数也达到了 18 名。另一方面,大部分干部职工两地分居,子女教育、赡养老人等多种原因造成人才调动较多,如阿坝州,近年来一些业务骨干如州气象台台长、办公室副主任等相继内调,年轻专业技术人员培养尚需时日,给业务服务等各项工作开展带来较大的影响。二是专业人才引进困难。由于三州属于"老少边穷"地区,专业人才引进困难,生源整体质量还有较大差距。如甘孜州近三年招录的 56 名毕业生中,大气科学专业毕业生仅占 9%,民族学院(四川民院和西北民大)的非大气科学专业毕业生则占到 71.5%,受生源地、专业、基础教育水平等因素影响,人员整体素质特别是学习应用能力有明显差距。

(二)人力资源不足的问题愈发突出

一是地方脱贫攻坚、维护稳定、群众工作任务繁重。三州所属彝区、藏区均是脱贫攻坚的政治任务的重点地区,同时四川藏区处于维稳反分裂斗争前沿阵地,州县气象部门均需承担大量的驻村帮扶、维稳等工作,几乎所有县局至少都有 1 名职工专职驻村工作,凉山全州气象部门派驻第一书记人数甚至达到 27 人。二是作为高海拔的艰苦地区,地方出台了一些休假政策,要保障干部职工正常轮休,也需要一定的人员数量支撑才能落实。县局人员编制数量较少,导致职工严重超负荷运转。

(三)工作生活存在一定后顾之忧

由于普遍的高海拔以及医疗、教育等条件较为落后,三州特殊的工作生活模式呈现为退休至其他地方养老的多,子女在其他地方上学的多,夫妻分居两地的多。为解决干部职工困难,2009 年以前启动了三期三州生活基地建设,当时较好地解决了 1998 年以前参加工作的一、二类及部分三、四类艰苦台站职工居无定所的问题。但是由于上级政策变化等原因,近 10 年来三州生活基地建设停滞,相当一部分干部职工又面临住房问题带来的后顾之忧。

(四)干部职工整体待遇仍然偏低

近年来,中国气象局大力关心支持高原艰苦地区发展,多次提高艰苦台站津补贴标准,三州干部职工收入显著提升,但由于地方经济社会发展相对滞后,地方财政拮据,地方出台的目标绩效考核奖励标准远低于其他地区。加之三州无住房补贴政策、未实施公车改革等,造成了三州地区干部职工收入总额仍低于其他地区的情况。另一方面,四川藏区自然条件、社会环境与西藏相似,但四川藏区工资、津补贴等收入与西藏相比,差距仍然较大。

（五）台站建设及工作保障仍有欠缺

近年来，中央和省加大基层台站基础设施建设力度，三州大部分基层台站面貌焕然一新。但由于各种原因，目前仍有 6 个县局尚未改善，办公条件还较为艰苦。由于中国气象局台站基础设施建设投资方向所限，部分台站建设缺乏业务平台建设资金，影响台站建设成效发挥。另一方面，三州地域辽阔、地形复杂，根据需要未进行公务用车改革，但是相当一部分县局还在使用 2009 年以前中国气象局统一配置的业务用车，使用年限长，使用频率高，导致故障频发，急需全面更换。

（六）预报服务能力还明显不足

一是气象灾害监测站网亟待完善。现有观测站网分布不尽合理，雷达站网监测盲区多，区域站乡镇覆盖率有限，如三州中人口较多的凉山州区域站乡镇覆盖率仅为 78％。二是气象预报精细化程度不足，数值预报对高原天气预报能力支撑不足，目前全国乃至全球对高原气象预报均是难点，国家对高原山地气象预报模式产品适用性不强。三是服务产品个性化水平不高、针对性不强，专业气象服务能力与用户需求存在差距。

三、下一步发展思考和建议

调研组通过调研，针对上述梳理出的突出问题，提出了三个层面发展三州气象事业的思路和措施。

（一）三州气象部门层面

保持优良传统，继续发扬高原气象人精神。三州气象事业发展的根本出路，在于培育和提升自身的可持续发展能力。三州气象局党组要切实担负起领导事业发展的主体责任，团结带领全体干部职工，保持发扬高原气象人精神，解放传统思想、破除依赖观念，增强内生动力，不等不靠、自力更生，持续推动气象事业实现高质量发展。

加强干部培养，加大年轻干部使用力度。加强对干部队伍建设的分析研判，树立正确用人导向，大力发现培养选拔优秀年轻干部，优化干部成长路径，把能干事、想干事、干成事的年轻同志放在业务服务、精准扶贫、维护稳定等一线、关键吃劲岗位历练，采取上挂下派、交流任职等方式磨砺年轻干部，压担子、经风雨，增长才干。大胆使用成熟干部，补齐县局班子，增强县局领导班子干事创业的能力。

探索创新机制，完善引才留才激励机制。对引进的大气科学及其相关类硕士、博士毕业生，除按规定报销相关学费外，办理正式录用手续并与州气象局签订 10 年以上聘用合同的，由三州气象部门一次性给予人才引进激励补助的机制。鼓励和支持在职干部职工加强学习，在职攻读研究生学历并取得硕士、博士学位的，分别给予一次性奖励。

用好用活政策，建立完善职工关爱机制。用好相关政策，切实关心关爱特殊困难职工。在一类艰苦台站工作满 10 年以上的职工，根据个人意愿和工作需要，可交流到低海拔、条件相对较好地区工作。定期组织职工体检，建立艰苦台站职工定期疗养制度，以人为本，切实保障艰苦台站气象职工的健康。主动对接地方提前退休（病休）政策，争取将气象部门职工身体状况纳入地方评价认定体系，经集体研究，可按地方有关规定执行提前退休（病休）。

（二）省气象局层面

加强沟通协调，争取上级政策更大支持。根据《中共中国气象局党组关于加强四川云南甘肃青海藏区气象工作保障四省藏区经济社会发展和长治久安的意见》，2017 年中国气象局计财司专门出台政策支持青海藏区发展，印发了《全国气象部门对口支援青海藏区气象工作方案》，在业务科技、干部人才、资金项目等方面全面支持援助。四川藏区在海拔高度、艰苦程度等各方面均不亚于青海藏区，相关处室需要进一步加强向上沟通协调汇报,争取推动中国气象局,参照青海藏区相关政策,制定专项工作方案支持四川藏区更大发展。

加强统筹规划,加大全省倾斜帮扶力度。一是要继续将三州气象事业纳入全省气象事业发展规划统筹考虑、优先安排,以重大项目建设带动,有计划地推进面上重点问题的解决。二是本着全省一盘棋的精神,继续坚持"保三州"政策,加大公用经费和建设项目向三州倾斜的力度,提高三州公用经费标准,继续推进对口援助政策,重点改善艰苦台站工作、生活条件。三是全面提升省内对口支援内涵,落实省内对口支援措施,将对口支援从资金支援扩展到管理、业务、科技服务等各领域,带动三州全面提升事业发展能力。

加强引进培养,建立完善多渠道人才机制。一是拓宽人才引进渠道。加强对上沟通汇报,向中国气象局人事司争取进一步放宽对三州艰苦边远地区招录毕业生的学历和专业要求,将大专生的补充范围扩大到除一二类以外的艰苦台站。二是加大三州本地生源、民族生源的招聘力度,持续强化对非大气科学专业毕业生的后续培养,通过入职培训、气象基础专业知识培训等方式,切实提升三州气象业务水平的支撑能力。三是完善人才交流培养机制。参考省委组织部组织开展的干部人才援藏援彝工作经验,建立专业技术人员学习交流和干部交流任职机制,省气象局定期选派业务技术专家、骨干支援三州,推动三州气象人才的培养。

加强政策研究,完善落实优惠发展政策。加强政策研究,完善并落实相关优惠配套政策措施。一是加强政策研究,在各地用好用活地方提前退休(病休)等政策前提下,适时制定出台配套落地落实文件。二是探索建立实施三州气象部门疗养、重大疾病医疗救助等保障机制,探索建立三州专项帮扶基金,对于工作表现优秀、家庭存在特殊困难的身患疾病不能正常工作的职工,通过专项帮扶机制体现组织的关心和爱护。

(三)中国气象局层面

科学推进中央和地方事权划分。三州经济社会发展滞后,地方财政拮据,属于典型的财政转移支付地区,通过三州地方投入资金保障气象事业发展难度较大。建议在中央和地方事权划分上,加强科学研究,将四川三州等艰苦边远地区列入中央财政事权予以全面保障。

加强四川三州地区特殊政策研究。建议研究制定出台全国气象部门对口支援四川藏区的相关政策,加强项目及财政资金倾斜力度特别是台站基础设施改造项目支持力度,同时在人员招聘中进一步放宽人员准入门槛。

统筹研究并继续实施生活基地政策。关于加强四省藏区气象工作的意见中明确提出"统筹研究四省藏区气象干部职工生活基地、周转房等生活设施建设",建议中国气象局相关职能司根据文件精神加快研究相关政策,加大投入力度,重新启动生活基地建设并将政策延伸至三至六类艰苦台站,解决干部职工后顾之忧。

关于提升重大气象科普活动品牌影响力的思考
——以 2019 年世界气象日开放活动为例

潘进军　　纪家梅　　李颖婷　　赖敏　　蒲秀姝　　赵宇扬　　董青　　安娜

（中国气象局气象宣传与科普中心）

近年来，全国气象部门在每年的 3 月 23 日（世界气象组织成立的纪念日，即"世界气象日"）结合当年主题，开展形式多样、内容丰富的纪念活动。本文以世界气象日开放活动为例，通过大数据调查分析，总结出全国各级气象部门 2019 年世界气象日开放活动的总体情况，针对活动存在的主要不足，提出提升重大气象科普活动品牌影响力的对策建议。

一、调研开展情况

（一）数据来源

本文数据来源主要是 2019 年世界气象日活动调查问卷，其中，面向各级气象部门的调查问卷共计 1791 份，面向社会公众的问卷调查共计 13214 份。

（二）调查方法

本次调查评估采取问卷和网络调查相结合的方法。通过调查问卷方式开展面向各级气象部门的调查统计，利用问卷平台开展面向公众的网络问卷调查。

（三）调查内容

面向各级气象部门的调查内容主要包括活动的组织方式、载体和规模、外部门参与、媒体宣传、新技术应用以及经费来源等；面向公众的调查内容主要包括公众活动服务满意度、气象知识获取满意度、参与目的及收获等。

二、2019 年世界气象日开放活动问卷调查主要结果分析

（一）参与者对活动总体表示满意

参与公众认为活动整体安排丰富、互动展项有趣、现场气氛活跃，绝大部分公众认为通过活动增进了对气象知识或气象工作的了解，满意度得分达到 9.25 分。

（二）新媒体渠道传播能力逐年递增

截至 3 月 27 日，各类媒体累计报道 1.9 万条，抖音♯唱二十四节气浏览量超 27 亿，各平台直播浏览量 172.4 万。从传播渠道上看，随着移动端及微信、微博、APP 的传播手段迅速发展，新媒体渠道传播能力逐年递增。

(三)参与者对活动在创新性方面的需求强烈

公众对"活动创新性不足"问题反映最多,比例为 52.16%。2019 年各级气象部门世界气象日活动开展形式仍以展览展示为主,比例为 54%,互动游戏、竞赛和其他形式比例分别为 17%、7%、22%。活动产品以宣传科普画册和常规产品为主,比例分别为 46%、42%,而 VR/AR 互动展项应用比例仅为 3%。

(四)活动在新技术应用方面不充分,希望增强互动性

认为活动在新技术应用不充分的公众占比高达 75%,认为新技术应用充分的仅占 4%。参与度在前五位的项目分别为科普讲座、科普互动游戏、宣传科普资料、科普场馆、气象节目播报体验,比例分别为 51.93%、50.38%、47.59%、45.99%、36.62%。由此可见,互动式、体验式的活动方式更受公众喜爱。

(五)基层气象部门的活动内涵亟须提升

省级气象部门相对于市县级,技术应用更多、活动形式更丰富、产品科技含量更高;市县级气象部门以展览展示形式为主,其他形式较少,92.3% 的县级气象部门基本采用赠送宣传科普画册和产品的活动形式。

(六)社会影响力和受众面提升趋势不明显

近六成公众为多次参与者,其中一成以上公众几乎年年参与,活动的"朋友圈"和受众面有限;六成以上活动规模在 500 人以下,需要下大力气提升公众参与覆盖面和影响力。

(七)社会参与度不够

地方政府、科协等相关部门在活动中参与度较低,活动经费来源主要为财政性资金、事业性收入支持,比例分别为 48%、33%,仅有 4% 来源于社会组织和志愿者捐赠。

三、提升重大气象科普活动品牌影响力的对策建议

综合以上分析,对今后如何提升重大气象科普活动品牌的影响力提出对策建议如下。

(一)创新手段,延伸触角,扩大活动影响力

创新活动载体,开拓新兴媒体领域。加强线上线下活动的统筹兼顾,积极拓展线上活动;对接实际需求,增设互动式、体验式活动项目,不断丰富活动内容。

延伸科普触角,搭建科普活动大舞台。注重通过活动"走出去"的方式,面向青少年特别是在校学生、农民、城镇劳动者、领导干部和公务员等重点人群开展科普活动,扩大活动参与人群的覆盖面,提升气象科普的社会影响力。各省结合本土特色对活动内涵进行延展,适应当地公众对气象科普的需求。

借力外部资源,互通传播资源扩大活动影响力。推动建立部委间自有媒体资源和各类信息传播平台(报纸、网站、影视、杂志、新媒体等)的互联互通机制,共享专家资源,互邀参加科普教育传播品牌活动,提升含金量和影响力。

加强宣传推广,科普工作常态化推进。气象科普工作要像做预报业务、做气象服务一样,实现常态化推进。在世界气象日、气象科技活动周和防灾减灾日等关键节点,面向重点人群,与有关部门、主流媒体和新媒体、社会各方进行联动,持续开展特色鲜明的气象科普活动,让更多公众通过更多渠道了解气象科学和防御应对气象灾害的相应知识,促进全社会防灾减灾救灾意识和能力提升。

（二）技术引领，加强研发，打造宣传科普精品

切合时代需求，强化科普产品研发。在进一步优化传统宣传科普产品的基础上，研发融媒体时代公众易于理解、喜闻乐见的科普产品。强化部门合作，联合开展自然灾害类科普作品协同创作，针对性地加强面向政府、部门领导、社会公众等不同群体的防灾减灾科普作品的开发。

共享资源，扩大新技术手段的推广应用。由于 VR 终端设备的成本高、使用率低，VR 新技术的应用未能大范围普及。建议加强部门合作，基于双方已有的科普教育资源（基地、网站、场馆等），共享宣传科普教育现有平台资源，扩大 VR 新技术手段的应用范围。

（三）树立品牌，深化合作，提升活动规格层次

进一步强化品牌意识，立足于打造精品。加强顶层策划，充分整合分散资源，广泛联合政府、科协、农业、应急、教育等相关部门以及院校和社会团体组织，借助社会力量和社会资源，借助气象大咖的公众知晓率和影响力，扩大活动声势和品牌传播力。

借助部委合作，增加活动的辐射力。在交叉领域重大和热点主题宣传等方面深化交流合作，利用世界气象日、安全生产月、全国防灾减灾日等重大活动、重点时段联合开展科普宣传活动，推动气象科普活动融入地方政府防灾减灾和公众科普教育行动，强化防灾减灾，提升科普效果。

探索开展国际化科普活动，提升规格和层次。将世界气象日活动打造成公众认可、社会满意的全国性气象科普品牌活动，扩大气象科普社会影响力。

（四）统筹资源，优势互补，提升活动整体效益

吸引社会力量，激发活力，增加公众获得感。有条件、有资源的区域进一步加强开放合作，不断吸引社会力量和社会资源参与其中，突出气象科技性、智慧化特点，增加气象防灾减灾产品推广，吸引更多不同层次、不同年龄、不同需求的人群参与活动，不断满足公众日益增长的需求，增加公众获得感。

推动建立大型科普活动业务化模式，提升活动质量和效益。进一步发挥宣传科普中心作为国家级气象宣传与科普机构的"龙头"作用，强化牵头揽总和统筹协调，有效整合部门内各项资源，建立涵盖受众需求调查、活动策划设计、产品研发、组织实施、宣传推广、效益评估"一条龙"气象科普业务化模式，探索建立国省互相支撑的业务体系。加快建立跨单位、跨行业的气象科普创新团队和气象科普志愿者队伍。加强内部联动，建立横向联合、纵向联动的"小实体大网络"气象科普工作体系，推进重大气象科普活动向规范化、标准化、集约化、品牌化发展转变。

地面观测自动化改革后县级气象部门转型发展的调研与思考

房岩松　张建磊　纳丽　洛桑扎西　王宝鉴　苟日多杰　陈媛

（第 16 期气象部门中青年干部培训班）

为充分了解地面观测自动化改革背景下县级气象部门当前情况以及对转型发展有关问题的认识，本专题组查阅了《中国气象年鉴》等出版物，并与人事司、计财司等职能部门的专家进行了交流。同时，组织编制了基本涵盖县级工作领域的 34 个题目组成的调查问卷，发放给全国 15 个省的 15 个地（市、州）的 161 个县气象局（台、站）主要负责人，经回收甄别后共有有效答卷 110 份。专题组还制定了调研提纲，赴河南信阳市 3 个县气象局与一线干部职工进行了面对面交流了解情况。在此基础上，专题组对县级气象部门转型发展问题进行了系统研究分析。

一、全国县级气象部门现状

（一）人员情况

截至 2018 年年底，全国县级气象局（台、站）共 2174 个，共有在职职工 19718 人，其中，参公人员为 7295 人，占 37％；按年龄分布统计，35 岁及以下 7652 人占比 39％，36～55 岁 10861 人占比 55％，56 岁及以上 925 人占比 5％；从职称情况来看，在占总人数超过 95％的研究序列和工程序列中，正高职称 1 人，高工共 590 人占比 3％，工程师共 4911 人占比 24.9％，助工和技术员共 5709 人占比 29％，无职称共 7523 人占比 38.2％。

（二）经费情况

根据《气象统计年鉴（2018）》，气象部门收入来源主要包括中央财政拨款、地方财政拨款、部门创收和其他收入四部分。其中，中央财政拨款自 1991 年至 2014 年呈逐步上升趋势，此后基本趋于稳定，约占气象部门全部收入的一半。地方财政拨款总数在 2015 年前呈逐年上升趋势，2016、2017 年大幅缩减，2018 年回升至全部收入的 30％。部门创收收入总额在 2014 年前呈逐年上升趋势，此后逐年明显下降。据向财务管理部门了解到的情况，当前全国县级气象部门所需全部经费近一半需要通过部门创收或者其他渠道解决。

二、全国县级气象部门发展中的主要问题

（一）人员问题突出

在调查问卷中，就单位目前在人员方面存在的 8 个方面突出问题中，排在前三位的依次是：人员知识结构和专业水平差、人才流失问题、人员（参公和事业）身份不同带来的管理问题。就目前单位在招聘人才、留住人才方面，超过 69％的答卷者认为有一定困难；造成这一问题的 6 个方面原因中主要原因是县级单位无法提供个人良好的发展前景、县局收入水平偏低，还有超过 38％的答卷者认为招聘专业和

学历要求不合理也是重要原因之一。就县级与上级同等情况人员工资水平相比,超过 57% 的答卷者认为偏低,其中超过 29% 的人认为差距较大。在就从着眼未来发展看,县局更需要的人才应招聘的专业方向方面,排在前四位专业依次是综合管理类、财务会计类、气象相关学科类、信息技术类。当前县级气象部门在人员方面存在的问题突出,一是人员数量偏少;二是人员整体素质偏低;三是个人发展空间有限,个人待遇低,对人才吸引力不足,普遍存在进人难、留人难的窘境;四是参照公务员管理和事业两种身份的不同给县级气象部门带来了管理上的困难;五是招聘人才专业限制过度,与实际需求不相匹配。

(二)承担的任务繁杂繁重

统计表明,目前县级气象部门所承担的各类工作占总工作量的比例,除业务工作稍大(42.37% 的答卷者认为占 30%～50%)外,气象服务、政府职能、社会管理、内部管理和其他工作(主要是科技服务创收)占比大致平衡,均有近一半答卷者认为约占 20%。就地面观测自动化改革完成后业务工作量大约能减少多大比例的问题,超过 75% 的人认为在 30% 以下,其中有 31.82% 的答卷者认为在 10% 以下。实地调查中发现,工作紧张问题是当前县级气象部门普遍存在的突出问题。在就造成工作紧张的主要原因进行的排序中,履行地方政府职能畸重居首位,平均综合得分 3.75 分,其他依次是业务工作(2.92分)、服务工作(2.89 分)、社会管理(2.16 分)、其他(2.03 分)。在就其他日常工作所作调查中,普遍反映财务管理所占基层精力较大;在对目前更有利于县局财务管理的方式的问卷调查中,有 30.91% 的人选择由县局作为独立法人单位管理预算和经费支出,27.27% 的人选择可以采取县级不作为独立预算单位而由市局统筹经费管理的模式。

(三)经费不足制约着县级气象部门的运转

从对经费保障情况的调查来看,几乎所有答卷者(超过 98%)均反映在工作运行维持方面存在经费缺口,缺口明显的项目排在首位的是地方政府出台的文明创建和绩效考核等奖励性经费,其次是日常运行所需物业、就餐等经费,第三是地方政府出台的各类人员津补贴经费,其他还有面向地方服务的装备运行维持经费、开展气象服务和科普宣传的经费存在缺口。在实地调研过程中,县级气象部门一致反映,地方政府出台的精神文明奖、年终绩效考核奖等地方性奖励均未建立起稳定可靠的财政支持保障机制,县局主要负责人的大量精力需用于大力争取地方经费支持和气象科技服务创收上。

三、县级气象部门转型发展的方向和对策建议

(一)县级气象部门转型发展方向和职能定位

对内强化业务属性,回归基层主业。工作重心转移到"数据"和"设备"的安全可靠上来,保证数据的准确及时以及设备可靠运转,突出县级作为气象部门地面气象数据采集主体的职责,按要求做好地面应急加密观测工作,做好地面观测设备的一般性日常维护工作。县域内的各类预警预报预测产品,由市、省级气象部门制作后县级气象部门直接发布。

对外强化服务职能,突出气象事业的趋利功能。以气象防灾减灾、生态文明气象保障为主,发挥好"防灾减灾第一道防线"的重任,突出县级作为专业专项气象服务主体的职责,主要开展人影、生态环境监测与评估等面向生态文明的修复型高效专业服务,面向美丽中国支撑绿色发展、蓝天保卫战的高影响气候服务,面向乡村振兴、"一带一路"特色服务、军民融合等国家重大战略实施的气象服务保障等。强化面向相关部门、基层政府和应急责任人的预警服务。

调整社会管理和政府管理职能。统筹调整县、市级气象部门的管理力量和职能,将防雷装置设计审核和竣工验收等社会管理职能交由市级气象部门承担。按照事业单位改革方向通过主动逐步弱化直至不再作为县级党政职能部门来转变职能,相应职责逐步交由市级作为整体统筹承担。县级气象部门转

型发展的最终目标是回归主业,按照事业单位的属性要求作为市级分支机构运行,不再按照独立法人的单位进行管理。实现转型发展后,未来的职能主要定位为气象部门地面数据采集主体和面向县域气象服务的主体两方面:对内主要承担包括应急加密观测等在内的数据采集、地面观测设备日常维护;对外主要承担面向政府和国家战略需求以及地方经济社会发展各领域的决策、公众以及专业专项气象服务。

(二)推进转型发展的具体对策和建议

调整业务服务布局。按照业务上移、服务下沉的原则,调整县级气象部门现行业务服务工作布局。预报预警产品由省、市级统一制作,提供县级直接应用于决策和公众服务;信息网络、装备保障等工作由地市级部门统筹承担,其中面向地方气象服务的区域自动站等小型探测装备的保障借助社会化力量统一组织实施。开展面向生态文明建设的服务保障,在地市级技术支撑下实施常态化人工影响天气作业,开展山水林田湖草生态环境评估评价、气候可行性和气候资源开发利用等气象服务保障,以及面向乡村振兴、"一带一路"、军民融合发展的专业专项气象服务工作;面向交通、旅游、电力等专业气象服务。气象科技服务在具备人员和技术条件的县级气象部门开展,不具备条件的由地市级统筹组织开展。

调整社会管理职能,逐步主动弱化作为政府部门职能。按照积极稳妥的原则推进县级气象部门社会管理职能调整,鼓励具备条件的单位先行先试,不搞一刀切。对具备条件的,按照取消社会管理职能的原则,将行政执法和行政审批权向地市级部门移交并集约整合人员和技术力量,统筹开展本区域内的行政审批和执法工作。对县级气象部门承担的同级政府部门的职责,要采取主动逐步弱化的办法,其中对于人员地方性津补贴和地方奖励性经费确无法有效落实的,采取撤局留站的措施,不再承担同级政府管理职能;对于党建工作,明确实行以部门管理为主的原则,由地市级气象部门作为主体统筹组织实施党建工作。

有效整合并建立统一的业务平台。按照以数据为主线的新型业务技术体制要求,将县级在用的预警预报系统、观测系统、公共服务系统等集约整合为统一的业务平台,实现与国、省系统平台一体化,统一数据环境、数据存储、服务接口、资源管理。保证业务平台的开放和兼容性,为开展个性化工作提供便利的数据、程序和系统接口;制定业务服务系统管理办法,严格控制上级业务服务系统向县级延伸。

做好气象法制基础保障工作。按照法治思维做好县级气象部门转型发展的法治保障工作,对气象"一法三条例"中有关内容进行必要修改。重点是要对《中华人民共和国气象法》中涉及赋予县级气象部门的社会管理权限、政府管理职能的条款进行修订,将各级气象部门承担本行政区域内的气象行业管理职责调整为市级和具备条件的县级气象部门承担本行政区域内的气象行业管理职责。

建立适应县级气象部门职能定位的管理机制。在人事管理方面,赋予市级气象部门编制统筹使用权,在本地市范围内根据各地实际自行统筹部门内参公、事业和地方编制的使用和人员配置;赋予市级气象部门以充分的用人自主权,在人才引进、奖惩考核等方面给予完全的自主权。在地市级范围内,建立中高级职称统评统聘制度。在财务管理方面,对能够有效落实双重计划财务体制的县级气象部门,保留作为四级预算单位的地位,落实财务管理自主权,由上级气象部门通过日常监管保障财务管理的规范化;对无法有效落实双重计划财务体制的县级气象部门,不再作为四级预算单位管理,财务管理权交由地市级统一管理。

做好转型发展过程中人员培训和配套政策的制定。做好全员培训,加强转型发展的理念、方向和路径等内容的培训,区分不同性质岗位、专业基础、转岗要求等,增强培训的针对性和有效性;加强生态文明和气候服务所涉及的专业知识和流程的培训。转型发展作为一项系统工程,难点在于人事、财务等综合管理领域,需要研究和制定人员选岗待岗、流动、聘任、职务职称衔接、聘用人员安置等配套的人事管理政策,以及财务、资产处置等管理政策,还将涉及物业、后勤保障等相关政策,需要统筹考虑、稳妥实施。

关于北京市政府有关部门落实
《北京市气象灾害防御条例》情况的调研

王迎春　董雪莹　丁梅　韩丽琴　许璐　刘名上

（北京市气象局）

为了进一步深入推动《北京市气象灾害防御条例》(以下简称《条例》)的贯彻实施工作,调研组通过实地走访、座谈交流、网络查询、发征求意见函等方式深入了解《条例》的落实情况,研究分析贯彻实施《条例》存在的困难和问题,提出进一步贯彻实施工作的意见和建议。

一、调研背景及基本情况

气象灾害防御工作涉及发改、规划等众多政府部门,做好本市气象灾害预防和隐患治理工作,推动《条例》的贯彻实施,不仅是气象部门的工作,更是市区两级政府及各相关部门的工作。6月正值汛期,结合中心城区高楼林立、老旧城区排水系统不畅、古建筑文物保护等特点,针对《条例》中应急处置和隐患治理内容赴东城区应急管理局和西城区应急管理局开展调研。8月是主汛期,针对《条例》中气象预报预警、应急预案、应急演练、气象灾害信息共享等内容赴市应急管理局开展调研。9月,针对《条例》中编制城乡规划与气候可行性论证、城市规划与气象安全、通风廊道系统、雨水收集设施建设、地质灾害信息等内容赴市规划自然资源委开展调研。11月,结合海淀科技之城、智慧之城、创新之城的定位,针对《条例》中城市安全与气象服务、分区规划与气候可行性论证、城市管理与气象灾害设防标准、城市大风灾害等内容赴海淀区政府开展调研。针对《条例》落实情况及任务清单正式发函征求各区政府、市政府各有关部门共47个单位的意见,共收到反馈意见56条。

二、现状、问题及分析

(一)市区政府部门已开展气象灾害相关工作

积极主动开展《条例》的宣传工作。市人民政府、市人大常务委员会、市应急管理局等20余个相关委办局和媒体在官网大力宣传《条例》。

制定完善相关配套实施细则。一是修订《北京市防汛应急预案(2019年修订)》。成立北京市人民政府防汛抗旱指挥部,在预案中明确了各成员单位在监测预报、预警与响应、突发事件与应急响应、社会动员与信息发布等方面工作职责。二是制定《北京市大风天气预警分级和应急响应措施》。根据风力等级和持续时间将大风预警由轻到重分为大风蓝色预警、大风黄色预警、大风橙色预警、大风红色预警4个级别,并明确4个级别下各应急单位采取的应急措施,形成了大风灾害预防和应急工作部门联动工作机制。三是制定《北京市突发预警信息发布管理办法》。预警信息发布工作由市、区政府统一领导,市、区预警信息发布中心负责本级各类预警信息的统一发布工作。规定了预警信息内容的发布与管理、预警信息的传播制作预审批、预警信息的发布与调整、预警信息的传播与通报、保障措施等内容。四是制定《北京市关于推进防灾减灾救灾体制机制改革的实施意见》。建立健全由市应急委统筹,各级党委和政府分级负责,各部门分类管理、分工负责的自然灾害管理体制。将防灾减灾救灾纳入市、区国民经济和社会发展总体规划。推动自然灾害风险调查和隐患排查常态化,定期开展灾害综合风险评估。

气候因素纳入北京市总体规划。市规划自然资源委与市气象局共同开展了科学控制建筑高度建设城市通风走廊的专题研究,研究成果已纳入《北京城市总体规划(2016年—2035年)》,提出构建多级通风廊道、严格控制通风廊道内建设规模和建筑高度的要求,提出新建、改建、扩建建设项目雨水收集利用设施的技术标准。

(二)气象部门已开展气象灾害相关工作

开展形式多样的普法宣传活动。一是市局组织中心组学习扩大会,邀请专家对《条例》进行系统解读,100余人参加学习。二是市区两级充分利用"3·23"世界气象日等时间节点开展"法律十进"活动50余次,共发放《条例》宣传手册2万余册。通过气象微信公众号、电视天气预报栏目、室外显示屏、科普宣传栏等有效途径,向社会公众宣传《条例》。三是各区气象局通过向主管区长汇报、纳入区政府常务会会前学法、组织知识竞赛等方式开展《条例》的宣传。

初步建立北京市气象灾害防御标准体系。市气象局与中国标准化研究院联合研究,提出北京市气象灾害防御标准体系的四维模型和北京市气象灾害防御标准体系框架,初步建立北京市气象灾害防御标准体系。同时,经与市市场监督管理局沟通,将"北京市气象灾害防御体系"纳入《推动首都高质量发展的标准体系建设实施方案》中。

提供本市重大活动的气象服务保障。市气象局不断加强科学研判,对接气象服务需求,提供精准及时的预报预测,为70周年国庆、冬奥会筹备、世园会、"一带一路"国际合作高峰论坛、亚洲文明对话大会、篮球世界杯等40余项大型活动气象服务保障工作。协助兄弟省市做好军运会、青运会、民运会等活动气象服务保障工作。

加强气象灾害京津冀协同发展。通州、武清、廊坊三地共建气象灾害协同防御工作体系。建设的"通武廊"气象灾害协同防御平台,实现区域气象数据、气象预报信息、服务产品的共用共享。启动通武廊三地京杭大运河气象服务保障项目,以通州区站网建设标准为参考在运河沿线布设气象站网和电子显示屏,提高运河沿岸气象监测设备密度。

修订《北京市气象灾害防御指南》。2019年,市气象局重新修订并印发了《北京市气象灾害预警信号与防御指南—2019年6月》,编制了暴雨、暴雪、寒潮、大风、沙尘暴、低温、高温、干旱、雷电、冰雹、霜冻和大雾等气象灾害的防御指南。

印发部门内部落实《条例》的任务清单。根据《条例》的内容和各单位的职责,结合工作实际,市气象局法规处牵头制定部门内落实《条例》的任务清单,逐条细化工作任务。

(三)存在的问题和分析

《条例》宣传力度和广度不够。从公众宣传来看,公众对《条例》的知晓度还不够,气象灾害防御中的公众职责还不够清晰。大部分公众认为气象灾害防御是政府的工作,对于主动获取气象灾害预警信息,采取什么样的防御措施等内容缺乏认识。宣传材料、宣传途径还不够丰富,仅限于法条的宣传,不能抓住公众的眼球。从政府部门宣传来看,市人大常委会、市司法局、市应急管理局等部门主动宣传《条例》,但还有部分单位对部门联动做好气象灾害防御工作认识不到位。

气象预报预警服务针对性不强。一是东城区、西城区没有气象局,核心城区缺少精准的气象预报预警信息和精准气象服务。二是风灾是城市运行中凸显的气象灾害之一,缺乏大风的精准预报和服务。三是中心城区古建筑较多,对雷电比较敏感,在古建筑雷电防灾减灾方面缺少雷电监测和雷电预警信息精准预报。

气候可行性论证技术支撑薄弱。一是气候可行性论证纳入市多规审核平台的相关研究较少,缺少气象灾害风险情景模拟,缺少详规中的气象灾害风险区划定量指标及技术标准研究。二是缺少重点建设项目进行气候可行性论证的量化指标,没有相关的参数和技术标准。三是北京城市气候风险区划技术支撑不足,缺少气象灾害信息的储备和相关的技术研究。

气象部门与各部门的工作对接不够。一是气象预报预警专业性较强,应急部门对气象预报预警信息专业术语理解程度不够。二是缺少气象灾害信息共享共用,没有建立信息共享制度和平台,气象部门缺少气象灾害的数据源头,同时不了解灾害数据使用单位的需求。三是由于缺少气象数据的支撑,地方建设沟域泥石流的气象灾害实时和实景监测系统经常被雨水湮灭,监测不到数据和画面。四是各部门在职权范围内能有序地开展气象灾害防御工作,但对《条例》所赋予的法律责任不明确、不清晰。

三、进一步贯彻实施《条例》的建议和措施

多措并举,加大推进《条例》的宣传力度和广度。一是加大《条例》的宣传工作力度。充分利用微博、微信、网站等平台,借助"3·23""5·12"等时间节点,加强对《条例》的宣传和解读。二是制作普法宣传片,投放到地铁、公交站点、微信、微博、视频网站等,提高公众防灾减灾的意识。三是充分发挥市气象灾害防御中心、减灾协会和气象学会的职能,加强和市应急管理局的合作,共同推进气象灾害防御科普知识、气象灾害防御指南和《条例》的宣传。四是加大全市各区政府、各委办局对《条例》的宣传力度。把《条例》的学习纳入各单位会前学法、中心组学习的重点内容,提高广大领导干部的法律意识。

部门联动,制定修订配套的实施细则、标准和规范性文件。一是对接气象服务需求。针对调研中发现的问题组织气象首席预报员赴应急管理局部门等单位对接气象服务需求,为地方提供精准的气象预报预警信息和精准气象服务。二是市规划自然资源委、市应急管理局、市气象局三方加强合作,共同推进建设沟域泥石流的气象灾害实时和实景监测系统。三是制定北京市气象灾害信息共享制度,根据各需求单位对灾害信息的需求制定政府内部信息工作共享制度和社会信息公开共享制度。四是制修订标准和技术规范,将气候可行性论证纳入多规审核平台,制定气象灾害风险区划定量指标及技术规范、区域性气候可行性论证技术规范、需要进行气候可行性论证的重点建设项目量化指标。

细化职责,出台贯彻落实《条例》的实施清单。针对气象灾害的预防、预报预警、应急处置和隐患治理等章节逐条分析,进一步细化和明确政府相关部门的法律职责和工作任务,以市政府名义向各单位印发《贯彻落实〈北京市气象灾害防御条例〉任务清单》通知,加大《条例》的贯彻实施。建立党委领导、政府主导、分级负责、属地管理、军地联动、区域协同、多方参与、统筹有力的气象灾害防御机制,不断提高北京市气象灾害风险管理水平和气象灾害风险监测预报预警能力。

关于长江航运气象服务及观测能力
情况的调研报告

王柏林　　崔宏　　李雪松　　何卫东　　龚杰

（中国华云气象科技集团）

2018年12月17日,中国气象局与招商局集团签署战略合作框架协议,双方明确提出将整合资源、突出优势,在保障航行安全等领域开展相关合作。为贯彻落实该框架协议,2019年3月27日,华云集团及下属子公司华信公司、武汉华信联创公司与华风集团维艾思公司业务骨干赴中国长江航运集团有限公司(以下简称"长航集团")开展长江航运气象服务及观测能力建设的调研,并商讨相关合作事宜。长航集团及下属信科部、安生部、中长燃、长航货运和长江海外相关部门负责人参加了座谈。

一、基本情况

(一)长江航运集团基本情况

中国长江航运集团有限公司是中国最大的内河航运企业集团,主要经营长江航运、邮轮旅游、船舶修造和港航服务业,在长江大宗货物运输、军事交通战备保障、抢险救灾以及执行国家一、二级警卫接待任务中,始终发挥国有企业主力军作用。长江航运现有货运江船111艘、海船24艘,加油船35艘(江上锚系),加油站60余座(沿江港口)。

(二)气象条件对长江航运的影响

长江航道地形复杂,沿途气候多变,是我国暴雨、冰雹、雷雨大风、大雾等灾害性天气频发区域。船舶在长江航行受大风、低能见度、降雨、强对流天气、水位等因素影响显著。货物质量、货物装卸作业、货物减载换船、船舶锚地系泊等也受到气象条件的较大影响。

(三)长江航运气象观测能力建设情况

气象部门沿长江干线通航水域20千米内建设了10余部新一代天气雷达,基本能够实现长江干线通航水域的全覆盖。长江干线5千米范围内布设了130余个国家地面气象站,1千米内布设了200余个4要素为主的自动气象站,且建成了覆盖全干线的闪电定位监测系统。

(四)长江航运气象服务现状

气象部门依托湖北省气象局建立了长江流域气象水文中心,初步建成长江航道天气监测预报预警产品共享平台,向航务管理局、航运公司、船员发送气象预警信息。

二、长江航运气象观测及服务现存问题

(一)气象观测能力不足

1.航道重点位置探测能力不足

长期以来,气象部门观测布局主要面向陆地天气预报服务需求,观测站网呈面状网格化布局,对长

江航道"线"与"点"的精细化、专业化监测预报服务需求考虑较少。目前,长江干线沿线范围内布设的国家地面气象站及区域自动气象站共 300 余站,难以满足全长 6000 余千米的长江全流域观测需求,重点水域(如九江下游)、重要库区气象观测站更为缺乏。

2. 船载气象设备探测能力不足

长江航行船舶及水上加油站,目前均未装载船载气象探测设备。且船舶及水上加油站的空间较为有限,观测设备的架设受到空间及其他多种因素的制约,无法像陆地上一样形成有效覆盖的多要素监测,导致长江水域中航线上的实时气象条件探测数据极为匮乏。

3. 天气雷达低空探测能力不足

针对长江沿线现有雷达进行风场组网反演,所得结果显示,从宜昌到九江段,风场反演的高度均在 2 千米以上,部分地区甚至超过了 5 千米,使用现有新一代天气雷达网的资料很难获得近地面的风场。现有低空的探测能力无法满足长江干线通航水域的实际探测需求。

(二)预报预警水平待提升

1. 预警时效性不高

为便于船舶管理,长江航运集团岸基服务平台相关人员需要及时得到气象预警信息。长航集团船舶气象预报预警产品主要来自于长江海事局水上交通信息台,VHF 接收海事局气象信息(提前 6 小时);微信和 QQ 群;彩云天气 APP 等(半小时更新)。现有预警发布提前时间难以保证实际业务需求。

2. 预报精准性不高

受峡谷及长江航道等特殊复杂地形的天气气候资料和天气预报技术缺少积累的影响,峡谷航道等特殊复杂地形的预报预警准确度仍有待提高。航务管理部门、航运公司、船员等普遍认为气象部门的灾害天气预警的涵盖时段过长、划定范围过大、风力量级跨度过大、能见度等要素针对性不够强等,大大降低了气象信息的实用性。

(三)信息获取渠道不畅

1. 信息获取手段落后

长江航行船舶及水上加油站,目前主要靠收听当地 VHF 接收长江海事局水上交通信息台定时发布的广播获取气象信息,船长通过网络自主查询船舶即将航经水域地方气象台发布的气象信息,并通过微信群、QQ 群及电话进行重要信息传递。缺乏面向广大船务人员方便易用的移动终端应用平台,导致航运企业获取气象信息手段落后。

2. 信息获取时间长

从气象部门发布灾害性天气预报预警信息,到船长接收到长江海事局水上交通信息台发布的信息,存在较长的时间滞后性,而对于危害性较大的雷雨大风、冰雹等短时强对流天气,现有预警信息获取时间难以满足实际航行需要。

3. 部分信息可靠性存疑

有些船长通过彩云天气等 APP 获得天气预报信息,其来源不明确,预报预警信息可靠性存疑,相关船企、船东及乘客的切身利益很难得到保证。

(四)产品针对性不强

1. 缺乏流域针对性

长江海事局气象信息来源于沿江各地气象台发布的信息,仅具有地域性,而不具备流域针对性、航运专业性,气象保障服务属地化问题突出。

2. 缺乏行业专业性

针对不同人、船、部门、码头、危化品的有效服务产品不足。现有服务缺乏面向广大船务人员方便易用的专业化服务移动终端应用平台,使服务效果大打折扣。

三、长江航运气象观测及服务建议

(一)加强气象服务顶层设计

1. 形成多部门联动机制

气象部门需建立针对长江航道的跨省份、跨区域中心的观测预报服务协调机制,加强针对长江航运安全气象保障的研究支撑和顶层设计。同时,航运、气象两部门需加强合作互动,共同推动长江航运气象服务保障能力的提升。

2. 制定切实可行的实施方案

通过理论分析、实地考察、交流座谈、需求确认等多种方式,合理规划,反复论证,制定切实可行的实施方案。采用试点建设,分步骤、有条理地逐步推进长江航运气象观测及服务能力建设,确保航运气象服务保障贯彻落实。

3. 强化航运专业气象台建设

依托湖北省局的长江流域气象水文中心,或通过混合所有制等发展模式,吸纳社会人才,组建新型企业,建设面向航运的气象服务专业气象台。研发面向长江货运、长江客运、沿江加油船站、安全生产等不同部门的重点保障对象的专业化气象服务产品。

(二)加强气象观测站网建设

1. 加强长江沿线重点位置气象站建设

在长江流域的重点位置,如港口码头、水上加油站、航标灯塔等地,布设多要素自动气象站或小型化低功耗物联网气象监测设备,监测风、能见度、降水量、气温、湿度、气压等气象要素。

2. 加强船载气象站建设

在长江走航船舶上建设专业化船载自动气象站,在船舶走航时连续观测近水面的气温、气压、湿度、风向、风速和能见度等气象要素,提供实时气象数据和经纬度位置信息,并按规定的数据文件格式存储数据。

3. 适量增补 X 波段雷达、风廓线雷达或激光测风雷达

在长江干支流交汇水域、山坳、港口、库区,以及天气雷达遮挡盲区等雷达网探测薄弱区域,适量增补 X 波段双偏振雷达、风廓线雷达或激光测风雷达,补充获取低空、精细化的探测资料,满足近地面低空风场探测需要,提高对下击暴流、龙卷等高影响对流系统的监测预警能力。

(三)强化预报预警技术积累

1. 开展针对性预报技术研究

搜集长江航运船舶受各种灾害性天气影响造成的事故记录,统计大风、大雾、强对流等灾害性天气易发航段、灾害情况,根据灾害记录选取相关个例开展针对长江航运气象服务保障的预报技术研究,并制定适合不同航段不同船型的通航等级气象导航技术标准,从而提高长江航道沿线强天气的监测和预警水平。

2. 加强数值模式技术研究

在加强长江重点位置及船载气象站建设和适量增补 X 波段双偏振雷达、风廓线雷达及激光测风雷达等多种探测设备的基础上,收集多种观测数据,开展针对长江航运的数值预报模式技术研究,包括地面观测数据、雷达监测数据等多种数据的同化技术研究,陆面过程参数化研究,以及模式细网格条件下的微物理过程参数化研究等。

(四)建设航运气象服务综合平台

1. 搭建长江航运岸基服务系统

开发符合流域航运需求的长江航运气象服务岸基系统,对船舶进行监控、管理和调度,遇有灾害性天气,通过后台服务系统向手机终端推送预警消息,并发布管理消息,为航运公司和船舶制定较为科学的安全预控措施提供服务。

2. 设计航运服务手机 APP/小程序

航运服务手机 APP/小程序可查阅长江各航段、各港口及特定地点的天气实况和预报预警信息。主要为用户提供基于位置的气象预报预警产品和专业化服务产品,并针对不同航运企业、不同船型、不同航段提供定制化的产品和服务。共享周边气象观测站点的实况数据,提供未来1~6小时航线位置的专业气象服务信息。

(五)研发多种针对性服务产品

1. 研发基于位置的船舶服务产品

针对不同航运企业、不同船型、不同航段,根据预设的气象及水位要素阈值,基于船舶走航的实时位置,研发基于船舶实时位置的差异化气象观测、预报与风险预警产品,包括船舶航行未来1~6小时的气象服务信息。重点提供航运企业及船长关注的船舶航行未来1小时内(前方15千米范围)的气象预警消息。

2. 研发专业化服务产品

为不同用户提供专业化的气象服务产品,如为长航货运提供船舶航行未来1小时以内的气象预警消息,季节性长期气象预测信息;为安全生产部提供长江重要航段、重要库区的气象监测和预报信息;为中长燃加油船站提供基于位置的实况天气和预报预警服务。

关于气象科技创新体制机制的调研报告

王志华　刘婕　王玲玲　于世秀　罗俭秋

（辽宁省大连市气象局）

党的十八大以来,习近平总书记针对科技创新提出了一系列新思想、新论断、新要求,形成了习近平关于新时代科技创新的重要论述。以习近平同志为核心的党中央把科技创新作为提高社会生产力和综合国力的战略支撑,摆在国家发展全局的核心位置,需要我们抓好贯彻落实。

一、贯彻落实情况和存在的问题

(一)贯彻落实取得的进展

1. 加强气象科技创新体制机制建设

一是出台系列措施,激发气象科技创新活力。出台《大连市气象局科技奖奖励办法》《大连市气象局专家团队绩效评估管理办法(暂行)》《大连市气象局气象科技创新专项经费管理办法(暂行)》以及《关于进一步规范市气象局科技创新配套奖励工作的通知》。首次明确市局自立科研项目可列支 20% 的间接费用,绩效支出在间接费用中不设比例限制,其安排与科技人员在项目中的实际贡献挂钩。设立专家团队绩效激励,根据团队绩效评估结果予以施行。设立市局自立科研项目科技成果转化工作绩效,用于激励承担市气象局自立科研项目的科技人员,将研发成果投入业务应用。二是强化顶层设计,明确气象科技创新方向。制定印发《大连市气象局全面推进气象现代化行动计划(2019—2020 年)》,聚焦安全气象、海洋气象、城市气象、特色农业和生态气象四大领域,重点在智能网格预报、专业气象服务,以及大数据、移动互联网等新技术的研发和应用上组织开展科研攻关。三是创新组织管理,提高气象科技创新成效。改革科研项目立项方式:由过去的"自下而上"为主,转变成现在的"自上而下"为主,"自下而上"结合,即根据气象现代化发展实际需求、气象业务发展存在的短板和亟待解决的关键问题,设立指令性课题,指令性课题在市局自立课题中占比达 50% 以上。改革科技攻关组织方式:根据全局性、关键性领域发展需要,跨部门、跨专业重组专家团队,开展集中攻关。指令性课题在全市气象部门业务技术人员中开展定向招标。四是加大经费投入,强化气象科技创新支撑。利用自筹资金加大对气象科技创新的投入。2018 年,市气象局科技创新经费(自筹)预算 50 万元,用于支持市局自立课题和专家团队建设,较 2016 年增长 40% 左右。

2. 加强科技人才队伍建设

一是加强各类人才培养。大连市气象局现有博士 1 名,硕士以上学位人员 76 名,占总人数 28.8%,本科 165 名,占总人数 62.5%,本科以上学历人员 242 名,占 91.6%;正高 4 名,高工 58 名,工程师 127 名。目前,1 名专家受聘国家级首席预报员,2 名专家列为省级学科带头人,5 名专家受聘省级首席预报员,8 名入选省局骨干人才计划。完成新一轮事业单位人员岗位竞聘,采取竞争上岗的方式,51 名专业技术人员实现岗位晋级。二是调整优化专家团队。根据气象现代化发展需要,成立格点预报团队,调整海洋气象服务、气象信息技术专家团队。团队以青年科技人员为骨干,团队成员 22 人中(不含团队带头人),全部为 80 后、90 后,19 人具有全日制硕士研究生学历。

3. 科技创新支撑业务的能力进一步提高

一是科技创新能力不断提升。近三年,在省气象局、环渤海区域协同创新、市气象局立项科研项目

71项,验收课题60项,90%以上科研成果在业务中应用。5项科研成果获辽宁省气象科研成果一、二、三等奖。14项科研成果获大连市气象科研成果一、二、三等奖。全地区气象科研人员,近三年发表科技论文165篇,其中国内核心期刊论文28篇,SCIE收录国内期刊1篇。二是专家团队工作成果丰硕。格点预报专家团队建立了空间分辨率为1千米、72小时时间分辨率为1小时的网格预报业务,实现智能网格预报业务从无到有的突破。研发建立综合气象数据库,完成大连气象手机APP建设,基于业务内网整合了气象+地质灾害隐患点、AIS船舶、城市内涝点、水库河流、易燃易爆场所、环境监测等数据,初步形成了气象防灾减灾GIS"一张图"。海洋气象服务团队正在稳步推进黄渤海客运航线智慧气象服务系统建设。农业气象服务专项工作组研发了大樱桃、油桃、苹果气象服务产品,大大提升了特色农业气象服务能力和效益。

4. 协同创新取得新进展

推进局校合作,先后与大连海事大学、大连海洋大学签署合作协议,与海洋大学联合发布气象服务产品,海事大学专家作为海洋气象服务团队顾问助力黄渤海智慧航线服务系统研发,与南京大学联合研发空气质量预报系统。

(二)对标对表存在的问题

1. 存在安于现状、小富即安的思想,缺乏推动气象科技创新的主观能动性

部分单位思想观念不开放,创新意识不强,缺乏推动创新发展的担当,缺乏对专业技术人员的教育和引导,少数专业技术人员积极主动参与科技创新的意愿不强烈。

2. 科技创新激励机制不完善

科技成果认定和转化激励政策需要进一步完善,除市局自立课题实施成果转化绩效激励外,其他来源的科研课题无激励措施。在岗位聘任、人才考核评价中对科技创新贡献度的倾斜力度不够。受事业单位岗位设置的限制,高级工程师、工程师岗位数量有限,部分获得职称的人员没法获得及时聘任。获得各类业务竞赛奖励的配套政策不完善,不能更好地激励专业技术人员在竞赛中争创佳绩。

3. 核心技术科技创新水平有待提高

智能网格预报产品虽然实现从无到有的突破,但是智能网格预报的"智能"水平不高,还未实现单轨运行,"网格预报+"业务需要进一步完善。大数据技术的应用还处在起步阶段。专业气象服务产品科技含量不够,海洋气象服务、城市气象服务、特色农业气象服务等领域科技创新亟待深入。

4. 借助外力推进协同发展需加强

申报国、省两级和地方科研课题和项目少,与科研院所、大学院校、合作单位联合开展科研少,参与国际国内高层次业务技术交流少,气象科技创新"闭门造车"情况和"孤岛现象"较为突出。

5. 领军人才和骨干人才缺乏

部分重点领域领军人才缺乏,青黄不接的情况较为突出。业务骨干人员值班任务重,没有精力跟踪学习新的技术发展和承担更多的科技创新任务。

6. 事业单位管理体制机制不活

事业单位绩效工资按照专业技术人员所聘岗位级别发放,没有与每个月的实际工作业绩相挂钩,存在着干多干少一个样、干好干坏一个样的情况。

二、存在问题的根源

(一)思想不解放,存在安于现状的思想

缺乏责任感和使命感,抱有小富即安的心态,满足于守摊子、保维持,缺乏崇尚创新、勇于创新的氛围和文化。缺乏主动学习的意识,接受新思想、新知识、新技术少,创新的本领不足。

(二)循规蹈矩,缺乏敢于打破常规的担当

缺乏敢于打破常规的担当,凡事找依据、找政策,上级没有明确规定的不敢突破,在完善科技创新体制机制上,新的举措和办法越来越少。对完善科技创新激励机制存在诸多顾虑,特别是在制定一些激励措施时担心出现违规发放津补贴的风险。对一些优秀人才的培养使用上力度不够,缺乏破格使用的魄力和勇气。在事业单位岗位竞聘还存在论资排辈的现象,没有真正实现能者上、庸者下。

(三)政策研究不透,用得不活,存在以文件落实文件的形式主义

对中国气象局印发的关于增强气象人才科技创新活力的若干意见、加强气象科技创新工作行动计划、研究型业务试点建设指导意见等研究不深,贯彻落实的举措不多,有时候存在以文件落实文件的现象。对地方有关科研和人才政策研究得更少,没有用好用足。

三、解决问题的举措

(一)加强政治思想工作

解放思想,转变观念,在全市气象部门营造尊重知识、尊重人才、尊重创新的氛围。进一步加强对专业技术人员的教育和引导,激发其追求卓越、勇于创新、甘于奉献的精神。

(二)完善气象科技成果转化激励机制

落实国家、省市科技成果转化激励政策,制定大连市气象科技成果认定和转化管理办法,制定气象科技成果转化效益分配政策,按照"谁研发、谁转让、谁受益"的原则,进一步激发专业技术人员创新热情。

(三)完善科技奖励制度

鼓励专业技术人员积极申报国、省两级和大连市地方的科研成果奖励和科研项目,出台相应奖励办法。在职称评审、岗位聘任中对获奖人员予以优先考虑。

(四)建立开放性气象科技创新平台

设立开放式科研基金,支持与外部门的科研合作和联合研发。加强与大连海事大学、大连海洋大学等科研院所等合作,共建海洋气象开放实验室,设立客座流动岗,推动联合科研攻关不断深化。

(五)积极推动研究型业务发展

在气象台试点设立流动性的研究型业务岗位,设立研究型业务岗位绩效,鼓励预报员根据智能网格预报业务发展需要,到研究型业务岗阶段性从事科研开发工作。

(六)完善专业技术人员岗位评聘机制

将承担科研项目研发、成果产出及转化应用情况作为专业技术人员岗位聘任、职务晋升和年度绩效考评的重要指标。在 3 年为一个周期的聘期内,市级直属单位在聘高级技术人员在作为主持人至少完成 1 项厅局级(含)以上科研项目或业务建设项目。严格执行《大连市气象部门事业单位专业技术岗位聘用管理办法(试行)》规定的条件和程序,公开、公平实施竞争上岗,打破专业技术人员岗位聘任终身制。

（七）多渠道争取科技资金投入

充分利用国家、省市和地方各类科研专项资金和政策，统筹各类资金，加大科研资金投入。探索社会融资和市场推广等渠道，鼓励吸收社会资金参与产业化气象科技研发。

（八）实施人才培养工程

实施领军人才、骨干人才、青年英才培养培育工程，对入选人才工程的人员在承担项目、参加交流培训、职称评定、岗位聘任等方面予以倾斜。设立人才培养专项经费，对入选的科技人才提供经费支持。

（九）持续改进科研管理

完善专家团队负责人遴选程序，根据创新团队主攻方向，采用个人申报、单位推荐、专家评审和市局党组审定的方式确定团队带头人。完善局自立课题中非指令性课题的申报方式，改为由各单位组织申报，个人申报不予受理。

规范和加强安徽气象政务媒体工作的调研报告

胡雯　张媛媛　魏文华　胡五九　杨彬　吴然　张宁

（安徽省气象局）

为规范和加强气象政务媒体工作，不断满足人民群众对美好生活的需求，安徽省气象局成立了专题调研组，通过实地走访、问卷调查、发函调研与文献查阅相结合的方式，就政务媒体工作进行了专题调研，系统地梳理了党和国家的重要部署，以及安徽省、中国气象局的落实措施，并结合安徽工作实际，分析了气象政务媒体工作中面临的问题和原因，提出了相应的对策和建议。

一、政务媒体工作的典型经验做法

（一）健全体制机制

任何工作都离不开有效的体制机制保障。中国气象报社制定了完善的工作制度，包括微博、微信发布制度，新媒体业务流程及值班主任职责，微博、微信目标考核制度等；安徽省公安厅出台了新媒体建设管理办法，健全了信息审核发布、群众诉求反馈、安全管理、值班备勤、组织保障、绩效考评等制度。江苏省气象局将政务媒体运维管理纳入事业单位人员绩效考核的指标，考核结果作为奖励的重要依据。

（二）精准主题策划

主题策划在宣传报道中发挥着举足轻重的作用。省公安厅在"扫黑除恶""守护平安铁拳行动"等主题活动中提前策划、集中制作宣传产品，通过全省公安新媒体矩阵同频共振，共同发声。合肥工业大学围绕重点工作，在开学、毕业、校庆等时间节点精准策划、精确引导，提升宣传影响力。中国气象报社围绕"3·23"气象日、重大气象服务过程，开展以短视频、图文、线上线下活动相结合的主题宣传。蚌埠市气象局针对省运会策划的气象服务宣传获得市政府好评。南京市气象局策划建立了灾害性天气应对灾前、灾中、灾后完整的新媒体服务业务链条。

（三）坚持内容为王

政务媒体发布的内容既是其安身立命之本。中国气象报社打造的"象博士"等品牌，拓展图文视频直播等产品类型，将宣传与科普融入其中，突出宣传品牌的专业性与活泼性。原创的"我给台风起名字"话题深入人心，中央气象台首次明确将台风命名权归属公众，提高公众对于台风的认知和预防能力。江苏省气象局、南京市气象局创新服务产品，利用数据可视化和短视频等形式，制作了蚊子预报等贴近老百姓需求的产品，让气象服务丰富、有趣、有温度。

（四）共促融合发展

一是促进传统媒体和新媒体融合，凤阳县气象局在做好传统"气象早餐"短信服务的基础上，将服务模式复制到新媒体上，取得了很好的效果。二是与地方政务媒体融合发展，滁州市气象局及所辖县局都与地方政务媒体建立了良好的互动关系，通过地方媒体平台加大气象工作宣传力度。三是与社会媒体融合发展，蚌埠市气象局与"网易蚌埠"共同策划专题网络直播活动，回应网民关切。

二、安徽气象部门政务媒体工作问题及原因分析

（一）存在问题

在信息发布方面，内容发布不够准确严谨，譬如"江淮气象"微博发布的某高速能见度观测点的图片未经核实，某次发布的内容完全与部门职能无关，发布"台风'利奇马'伴随立秋开皖"信息存在标题不严谨等情况。在解读回应方面，缺乏针对重大天气过程科学精确的专业解读；在办事服务方面，存在发布频次不高、不能满足群众需求的情况；在互动交流方面，互动不专业、不及时，譬如 2019 年 7 月 6 日强对流天气过程，"江淮气象"微博发布相关信息不足 10 条，对短时预报、跟踪预报发布欠缺，与网民互动也不够，缺乏统一调度、统一策划发声。

（二）原因分析

气象政务媒体职责定位思想认识不到位。对"宣传工作是一项极端重要的工作"的思想认识不到位，特别是没有准确把握和贯彻落实"将所有从事新闻信息服务、具有媒体属性和舆论动员功能的传播平台纳入依法管理范围，对所有新闻信息服务和相关从业人员都实行准入管理"的要求，没有认识到气象政务媒体是网上履职的重要平台，对其宣传科普服务的功能定位不够明晰。

气象政务媒体功能作用发挥不够，舆情应对处理能力不足。没有充分认识到气象政务媒体走好"网上群众路线"的重要性，没有充分了解人民群众对气象信息服务的实际需求，有的单位甚至存在政务新媒体是"额外多出来的工作"的错误思想，存在"重业务、轻宣传，重传统媒介、轻新媒体"现象，导致其气象服务、宣传、科普的功能作用未能充分发挥，以致信息发布不及时、不严谨，舆情发生时不知所措，对公众的回应互动不及时，应对处置不当。

气象政务媒体为民服务意识不强，网上履职尽责不够。在洞察社会热点、深挖网民需求、回应社会关切方面都存在明显差距，仅满足于完成基础的信息发布，没有站在发布气象信息是网上履职尽责的重要途径的高度去完成工作，为民服务意识不强，网上履职尽责不够。

气象政务媒体融合发展不够，选题策划不强、体制机制不完善。受行政体制的影响，省级气象宣传资源分散，传统媒体与新媒体沟通意识不强，缺乏统一调度、平台联动与资源整合，难以形成有效联动和传播合力。组织策划力量单薄，没有形成分层级、全过程的策划模式，对重点工作、服务过程深度报道少，内容表达形式不新颖。政务媒体运维能力不足，尚未建立政务媒体工作的考核评价和激励机制。

三、规范和加强气象政务媒体工作的对策建议

（一）提高政治站位，明确政务媒体的职责定位

满足人民美好生活需要是气象工作的根本出发点和落脚点。气象政务媒体是连接气象部门和人民群众的重要桥梁，是发布气象信息、提供气象服务、听取群众意见建议的喉舌和窗口，是气象部门履行职责的重要平台。应明晰气象政务媒体宣传、科普、服务三大定位，做好气象政务媒体融合发展，充分利用、监管好气象政务媒体，更好地履行气象工作职能。

（二）满足人民群众新期待，做好网上履职尽责

新时代，我国社会主要矛盾已经转化为人民日益增长的美好生活需要和不平衡不充分的发展之间的矛盾。政务媒体具有信息发布、解读回应、办事服务、互动交流等功能，应切实做好网上履职，提供及时有效的天气服务、专业全面的灾害防御知识、趣味横生的气象科普宣传，努力做到气象信息快速发布、

互动交流专业及时、解读回应迅速准确、办事服务热情高效。

(三)围绕气象政务媒体功能,增强舆情意识和应对能力

气象政务媒体应增强舆情意识,强化气象信息权威发布。建立网民留言解答业务流程制度,第一时间回应网民留言评论,及时有效解答网民疑问,尤其是在极端气象灾害发生或来临之际,应积极主动与网民互动,答疑解惑,积极引导。应加大与地方政府、宣传部门和第三方机构的合作,共同建立舆情应对机制,做好对舆情信息监测、研判和处置应对,与主流媒体同发声。

(四)提升气象政务媒体业务服务能力

一是强化媒体融合。按照媒体融合、集约发展的原则,推动传统媒体和新媒体内容、渠道、平台、队伍等融合,加快组建省局气象宣传科普中心,打造具备舆情监测、媒体融合、资源共享、信息分发和业务协同功能的气象融媒体平台。二是加强选题策划。结合汛期等重要节点、重大气象政务服务事件和网民关心关切的问题,主动策划、精心选题。以省局政务媒体为基础,联合市、县气象部门建设高效联动的安徽气象政务媒体矩阵。三是丰富产品内容。重视政务媒体产品策划和创意征集,建立省级气象政务媒体策划工作流程及任务分工,形成重大策划、应急策划、例行策划等分级分层策划模式。对重大气象政务服务事件形成事前、事中、事后全过程全链条策划。通过策划做到主题宣传有高度、舆论引导有力度、典型报道有温度。

(五)建立完善气象政务媒体人才队伍和工作机制

加强多岗位锻炼,提升记者、通讯员、新媒体编辑、影视编导等从业人员采编播综合能力。严格政务媒体运维人员的准入,加大对从业人员的培训力度,提升政治素质、专业素养和业务技能。鼓励基层优秀媒体人才到国家级、省级对口单位进行学习交流。培养一批文字功底强、懂专业知识、熟练运用新技术的复合型人才,培育和建设一支拥有策划团队、专家团队、媒体运维团队的专业人才队伍。建立健全运维、考核、激励机制。健全气象政务媒体分工管理、信息共享、内容发布流程和审核机制。建立以质量、贡献和绩效为导向的气象政务媒体工作评价、考核、激励机制。

广东省气象部门国编地编融合管理的调研报告

庄旭东　　梁建茵　　杨奕波　　林雁

（广东省气象局）

按照中国气象局和广东省委关于开展"不忘初心、牢记使命"主题教育部署要求,2019 年 6—7 月,结合主题教育,调研组深入实际、突出重点、点面结合,采取多种方式开展调研:一是开展全省总体情况摸查。通过书面调查形式,下发调查通知和发放调查表,摸清地编人员基本情况、管理现状、国编与地编人员政策差异、存在问题及意见等方面情况,把握全省地方机构和地编人员整体情况,掌握全省地编队伍的基本现状。二是深入有代表性的基层实地调查。按照粤东、中、西部分别选取具有代表性的市局,率队赴河源、肇庆、惠州、东莞、清远、茂名等市局实地调研,了解情况,找准问题,剖析原因,研究破解难题的实招、硬招。三是广泛征求意见。通过专题座谈会、调查表、意见箱等多种方式征求基层领导班子、人事、纪检、财务及地方机构主要负责人意见。调研组对收集的意见进行汇总、梳理,形成问题清单。

一、调研基本情况

(一)地方气象机构编制基本情况

广东省 2012 年之前地方气象机构仅为 25 个,共 398 名地方编制。气象现代化建设以来,地方气象机构得到迅速发展,截至 2019 年,已成立地方气象机构 141 个,其中地方县气象局 6 个,突发事件预警信息发布中心(含加挂牌子)101 个,防雷减灾管理中心(含加挂牌子)79 个,人工影响天气中心(含加挂牌子)58 个。地方编制共计 1569 名,其中地方参公编制 124 名、公益一类事业编制 1304 名、公益二类事业编制 54 名,暂未分类事业编制 87 名。

(二)地编人才队伍基本情况

队伍总量。截至 2019 年 6 月底,广东省气象部门地编人员共有 849 人,其中,男、女职工分别占 60.1%、39.9%。2012 年以来,通过公开招聘,全省气象部门择优录取了 275 名编外人员进入地方气象编制。

年龄结构。平均年龄为 33.2 岁,35 岁及以下职工占 64.5%,36～40 岁职工占 21.0%,41～45 岁职工占 6.7%,46～50 岁职工占 3.4%,51～55 岁职工占 2.7%,56 岁及以上职工占 1.6%。

学历结构。具有研究生学历的有 91 人,占 10.7%;大学本科学历的有 723 人,占 85.2%。大学本科以上学历和大学专科以上学历的比例分别为 95.7%、99.4%。具有博士、硕士学位的分别为 4 人和 105 人。

专业结构。大气科学相关专业的有 478 人,占 56.3%。地球科学相关专业的有 25 人,占 2.9%。信息技术相关专业的有 137 人,占 16.1%。其他人员 209 人,占 24.6%。

职称结构。正高级职称有 2 人,占 0.2%;副高级职称有 38 人,占 4.5%;中级职称有 250 人,占 29.4%;初级职称有 417 人,占 49.1%;其他人员占 16.7%。

人员岗位分布。从事县级综合气象业务的有 369 人,占 43.5%;从事气象观测与技术保障业务的有 13 人,占 1.5%;从事气象预报业务的有 88 人,占 10.4%;从事气象服务业务的有 146 人,占 17.2%;从事气象信息技术业务的有 20 人,占 2.4%;从事其他业务的专业技术人员有 34 人,占 4.0%;从事工勤岗位的有 5 人,占 0.6%;其他岗位占 20.5%。

二、地编人员管理存在的主要问题

(一)进人事权不清,要求落实不到位

地方强制安排外部门人员调入地方气象机构。按照《人事司关于地方编制人员招录有关问题的通知》(以下简称《通知》)规定,从地方非气象机构调入地方气象机构的人员,须事先书面征求中国气象局人事司意见。一些市、县政府因机构改革、撤并等原因,将相应人员强制安排到所设立的地方气象机构。部分人员不符合《通知》规定的基本条件,市县气象局陷于"两难"被动境地。

招聘条件与中国气象局要求不一致。《通知》要求各单位的招录计划符合基本要求和基本条件,并须由省局统一上报中国气象局人事司审批后,再报送当地人事主管部门实施。地方机构事业单位公开招聘一般由人社部门组织,各地对招聘要求不尽相同,如粤东西北县经济欠发达,人才吸引力不强,人社部门对学历要求为大专,专业范围不受限制等。有的人社部门未经气象部门同意修改了招聘条件,导致招录结果与中国气象局人事司审批条件不一致。部分县气象局因此与编办、人社等部门产生意见分歧,后续人事工作被动。

(二)人员流动通道受阻,统筹使用较难

国编和地编人员交流不畅。广东省各级均设置国家气象机构和地方气象机构,随着气象事业的发展,两种编制之间交流轮岗的需求越来越大。目前,国家编制调入地方编制较为顺畅,大部分市县局的国编人员经地方批准可调入地方气象机构。地编人员调入国家气象机构需报中国气象局审批,调入比较困难。

地方机构之间人员流动受阻。因机构属性、干部管理权限和人员供养经费来源受到不同的制约,地方气象机构之间人员调动非常困难,大部分县级地编人员无法调入市级地方机构,各县地方机构人员也无法跨地区交流调动。

(三)同工不同酬,待遇差异较大

同工不同酬。地编人员工资大部分由地方财政统发,还有部分市县授权气象局代发工资。公益一类的地方气象机构,经费保障比较稳定,因经济发展不平衡,地区之间也存在着差异。珠三角地区经济较发达,人员经费较充裕,地编与国编人员的工资待遇基本相同,有的甚至比国编人员还略高。粤东西北地区经济欠发达,人员经费保障水平较低,地编人员的工资待遇普遍低于国编人员。对此,省局尚未有充分的政策依据来解决国、地编收入差异大的问题,同工不同酬影响地编人员工作积极性。

同岗不同聘。地方气象机构岗位设置执行地方有关规定。部分市县局的地方岗位设置要求与中国局不尽相同,地编人员岗位聘用落后于国编人员,如部分市局提出地方机构岗位设置滞后,获得中级职称资格人员只能聘用在最低级别岗位,无法晋升技术岗位。个别市县人社局不认可气象系统评定的职称,地编人员评聘脱节,造成地编人员技术岗位晋升缓慢,影响了队伍的合力和积极性。

(四)地方机构体量小,发展空间狭窄

地方气象机构的领导职数由地方人社部门核准。大部分地方机构的领导干部任命要征求地方组织部门意见或报地方审批,再由上级气象部门任命,还有个别单位则由地方人社部门直接任命。由于交流通道受阻,地编人员晋升天花板问题突出。各市地方气象机构大部分为正科级规格,各县的大部分为正股级规格。一般本科生进入县级地方气象机构,最多晋升到股长(科员级),发展空间小,难以留住优秀人才。

三、融合国编地编管理的对策建议

(一)把政治建设放在首位,加强基层党组织建设

按照新时代党的建设总要求,全面加强县级党组建设,选好配齐县局党组领导班子,强化党组核心政治功能,立足全局、上下一盘棋,促进党建工作与气象业务融合发展,引领国、地编人员凝聚改革共识,汇聚发展力量,激励党员干部主动担当作为,认真落实加强党的基层组织建设三年行动计划,坚持以党建质量提升引领各项工作提质增效,推动基层党组织建设全面进步、全面过硬,把基层党组织打造成坚强战斗堡垒。

(二)严把入口关,提升进人质量

省局党组一直重视事业单位公开招聘工作,率先推进事业单位公开招聘,经过近九年的实践,各级气象部门国、地编进人均按照同一标准公开招聘。地方机构事业单位招聘计划均报中国局和地方审批,并由当地人社部门统一组织和实施。省局党组将认真贯彻落实事业单位公开招聘制度,进一步加强和改进公开招聘工作措施,大力推动招聘工作民主、公开、竞争、择优,严把入口关,做好国、地编人员招录工作。

(三)强化融合管理,统筹使用编制资源

建立融通机制。在不超编的前提下,打通国编、地编人员融通渠道。根据工作需要,从国家机构调入地方机构的人员,经省局审批可再调回国编。从外部门调入地方气象机构,按程序上报中国气象局审批。从地方气象机构调入国家气象机构的,建议设置准入条件(学历、年龄、专业及已明确晋升等),符合条件的按外部门调入程序上报中国气象局审批。

统筹地方机构岗位设置。积极加强与中国气象局和地方人社部门沟通,探索由省级气象部门统筹国家和地方机构岗位设置,按照《气象部门事业单位岗位设置管理实施意见(试行)》(气发〔2007〕212号)设置全省各类各级岗位,在全省气象机构中统筹并分级使用。

(四)坚持好干部标准,不拘一格选人用人

按照"信念坚定、为民服务、勤政务实、敢于担当、清正廉洁"好干部标准,打开视野、不拘一格,坚持干部工作一盘棋,既要从国家气象机构中选拔干部到地方气象机构使用,也要重视从地方气象机构中选拔干部到国家气象机构使用。在选拔任用气象部门各级领导干部时,地编人员列入推荐范围,资格条件与国编人员相同。选拔为国家气象机构领导职务的,争取上级审批,办理调入国家编制管理手续。

(五)同工同酬同待遇,协调共享发展

健全待遇保障机制。针对本单位地编人员收入待遇与同岗位国编人员存在差异问题,按照同工同酬的原则,地方编制人员参照国家编制人员领取(如一线值班、野外作业等)相关补贴。在艰苦气象台站工作的地方编制人员,可参照同岗位国家编制人员享受相应待遇。针对区域发展不平衡造成市县收入差异大、干部横向交流难、县级气象机构人才吸引力不强等问题,建议以市级为单元统一发放标准,市级年度部门综合预算一个盘子,以收定支、量入而出,合理核定全市工资总量。

建立职称备案制度。气象职称评审前做好与地方人社部门的沟通工作,评审后报地方人社部门备案,争取省人社厅的认可。地编人员可以参加气象部门各级别气象职称评审、认定,也可以参加地方职改部门组织的职称评审、认定,有条件的也可探索共同评审。

中国气象局直属机关青年发展状况调研报告

王梅华[1]　孙天蕊[1]　邢亚争[1]　蔡金玲[1]　杜净译[1]
周倩[1]　潘俊杰[2]　闫志刚[2]

(1. 中国气象局人才交流中心；2. 中国气象局机关党委)

青年是气象事业发展的宝贵资源和主力军。中国气象局人才交流中心和机关党委联合开展了中国气象局直属机关青年人才的调查研究工作，调研对象为中国气象局机关和 16 个国家级事业和企业单位 40 岁以下青年(以下简称"直属机关青年")。本次调查研究除了采用常用的问卷调查方法外，还采用了职业测评和岗位胜任力测评等专业方法。调查内容主要包括政治思想情况、青年职业发展现状、青年职业发展需求三个方面，共回收有效问卷 1012 份。

一、直属机关青年基本情况

据统计，直属机关 40 岁以下青年共 2409 人，占在职编制人员总数的 62.1%[①]。

直属机关青年队伍的平均年龄为 34.45 岁，年龄集中于 31～35 岁和 36～40 岁，男女比例接近 1：1。从学历来看，以本科和硕士为主，本科 867 人，占 36.0%，硕士研究生 937 人，占 38.9%；博士 477 人，占 19.8%；专科以下 128 人，占 5.3%。从政治面貌看，中共党员 1282 人，占 53.2%；共青团员 309 人，占 12.8%。

二、直属机关青年发展现状调查分析

(一)政治思想情况

1. 政治理论学习情况

在个人学习十九大报告及习近平新时代中国特色社会主义思想方面，52.7% 的青年能够学习了解十九大报告，取得一定成效；19.0% 的青年能够深入理解贯彻十九大报告精神，落实到工作生活中；4.35% 的青年学习了解较为表面。根据调查，能够通过学习深刻掌握习近平新时代中国特色社会主义思想内涵的占 18.7%，了解基本框架的 49.9%，了解部分的 28.4%，还有 3.0% 的青年对此不熟悉、不清楚。

2. 党团建设情况

根据调查，近两年党支部开展活动的主要方式分别为组织文件学习(90.1%)、参观学习(84.8%)和党课教育(82.8%)，其余还包括谈心交心活动(44.9%)、开展党内竞赛活动(16.1%)、开展社会公益活动(15.8%)和决策主要事情(11.2%)。青年认为基层党组织当前对党员最有效的工作方式排在前三位的是民主评议党员、谈心谈话活动和召开专题组织生活会及民主生活会。根据共青团对青年的吸引力和凝聚力的调查，37.8% 的青年认为其吸引力和凝聚力减弱，33.5% 青年认为没什么变化，认为共青团的吸引力和凝聚力增强的青年则占 28.7%。

[①]　数据来源：截至 2018 年 12 月气象部门人力资源数据库

（二）直属机关青年职业发展现状

1. 职业发展能力

通过岗位胜任力测评可以发现,直属机关青年在责任心、严谨细致、诚信正直、快速高效等方面得分普遍较高,而人际协调、沟通能力、抗压能力、学习能力得分低于最低值。调查问卷则显示,青年迫切需要提高的职业发展能力,排在前三位的分别是专业知识能力、创新创造能力和团队沟通能力。

2. 工作开展情况

通过调查,60.0%的青年工作推进方式是"积极主动思考工作"。在单位发挥作用方面,认为能够充分发挥自身作用的青年占36.6%,认为平台不充分发挥有难度的占13.5%,还有46.4%的青年认为"自身能力还在培养中,发挥不充分"。

3. 职业发展规划情况

对于个人职业发展规划,42.69%的青年在职业成长期,有意识努力争取锻炼机会,积累经验;27.9%的青年设定了自己的短期和长期职业发展目标。但是在对于职业发展目标准备情况的调查中发现,有42.19%的青年没有时间去准备,或认为目标较难实现。

根据不同年龄层级的调查可以看出,25岁以下青年中有47.73%"设立了目标,但是没有更多时间和精力去做准备",其他年龄阶层此类情况的比例均不足30%。

（三）直属机关青年职业发展需求

1. 职业发展考虑因素

青年职业发展的考虑因素主要有良好的薪酬福利、良好的工作氛围和环境以及实现自我的价值平台和学习培训机会。根据调查,青年认为激励青年成才最有效的方式,排在前三位的分别为薪酬激励、培训机会和职位晋升机会。

2. 工作压力与成因

根据调查,40.22%的青年职工有时会感到有压力,29.55%的青年职工经常感到压力,对未来感到担忧。造成青年压力的原因包括组织因素和非组织因素,从影响工作压力的组织因素来看,"工作任务繁重,完成时间急"排在首位。对于影响压力的非组织因素,主要集中在个人能力没有得到发挥、工作与家庭生活的冲突、任务难度高等方面。

三、主要特点

（一）学历及专业技术水平整体较高

直属机关青年中研究生以上学历人员比例高达59%,具有中级以上专业技术职称人员占到77%,在学历、专业技术职称等方面均具有较高的层次和水平,体现了直属机关青年队伍整体具备较强的综合素质。

（二）青年专业与单位业务特点相吻合

直属机关各单位青年都有其自身专业特征,并与本单位业务特点相吻合。其中,国家气象中心、国家气候中心、中国气象科学研究院三个单位,大气科学类专业的人数最多。电子与信息类专业最多的单位为华云集团和信息中心。资产中心青年则以经济管理类专业居多。

（三）责任感和事业心强

通过岗位胜任力测评分析发现,直属机关青年普遍具备较强的责任感,做事有始有终、明确自己的角色和职责,并对自己的行为负责。整体来说,青年能抓住影响工作的关键环节并进行关注,注重完成任务的效率,崇尚高效的工作风格,对事业发展有较为明确的认识。

(四)党员模范带头作用较强

对于组织交办的艰苦、有风险的工作,大多数党员认为自身能够服从组织安排,接受相关工作。根据对党员总体评价的调查,近80%的青年认为身边多数党员带头作用好,是自己学习的楷模、工作的榜样。整体来说,党员具有较好的大局意识,能够自觉服从组织安排,在青年中的模范带头作用较强。

(五)价值判断标准更趋现实

通过调查分析发现,青年认为最重要的职业发展考虑因素及人才激励因素均为薪酬福利。职业锚测试表明,具有利他主义倾向的青年比例较低。在市场经济下,社会价值观呈现更加多元化,新旧观念的碰撞,生活压力的加剧,理想与现实的差距等因素,使青年人对于薪酬、物质的追求越来越强烈,青年在利他主义倾向上减弱,价值判断标准也更趋现实。

四、存在的主要问题

(一)政治理论学习深度不够

调查发现,青年对政治理论学习理解的深度不足,仅有19%的青年能够深入学习理解十九大报告、习近平新时代中国特色社会主义思想,并落实到实处。这也反映出单位对于青年政治理论的学习教育多停留在文件、精神的宣贯,在理论与实际工作的结合上,缺乏更为深入的引导与指导。

(二)党团组织学习教育形式亟待创新

青年普遍认为现阶段党团组织学习活动形式相对传统固化单一,对邀请外部门授课、参加集中培训班、采用信息化的学习培训方式等需求强烈。党团组织在活动内容和形式上的设置较为传统,方式方法不够灵活,缺少对青年需求的切实调查与了解,与现代化、信息化手段的结合不够。

(三)缺少健全的人才管理机制

近三分之二的青年在自身发挥作用方面评价不高,对于如何更好地提高自身能力并充分发挥作用存在困惑,这在一定程度上与单位的岗位设置、培养机制有关。机关直属单位缺少健全配套的人才培养、岗位晋升、绩效考核等管理机制,一定程度上限制了青年职工作用的发挥。

(四)职业目标实现存在困难

调查分析发现,近一半的青年虽设立了职业目标,但没有时间为此做准备,认为目标较难实现。青年在初期设立职业发展目标时,对职业发展的认知不够清晰,以致在后期目标准备过程中逐渐意识到目标很难实现。单位对青年的职业发展情况缺乏统筹规划,在帮助青年人才成长、合理规划职业发展方面指导性不足。

(五)压力感成为普遍现象

根据调查,近70%的直属机关青年普遍感受到压力。岗位胜任力测评也显示出青年抗压能力相对较差,直属机关青年调节压力的能力需进一步提升。造成压力的原因包括组织因素及非组织因素,当前青年既要面对较为繁重的工作任务,又面临着工作与家庭生活的冲突,自身压力普遍较大;单位也缺少帮助职工调解压力的相应措施。

五、对策建议

(一)学以致用,提高思想教育成果

一是丰富和创新教育形式。通过集体学习、学习研讨、专家深入解读等形式,适当引入信息技术、新媒体手段,加强青年对政治理论理解领会的深度。二是要充实教育内容。根据形势任务的需要,把握社会的热点难点,并结合各单位具体特点,将教育内容丰富化、具体化。加大理论联系实际的力度,针对性地开展教育,提高思想教育成果。

(二)丰富党团活动,进一步增强青年归属感

一是要不断探索,丰富党团的活动形式。适时开展党团联合活动,针对不同主题采取相应的形式,激发青年热情,提高青年参与的积极性。二是要贴近青年现实需求,进一步充实活动内容,丰富活动内涵,吸引青年融入组织之中,增强人文关怀,提升青年归属感。

(三)加强思想引导,建立健全青年激励机制

一是加强青年思想引导。通过优秀青年经验分享、树立先进典型等方式,加强青年理想信念教育,增强青年对组织对事业的归属感。二是要做好统筹规划,建立健全青年激励机制。将绩效考核、人才评价的结果与薪酬待遇、晋升机会切实联系起来,做到科学评价,有效激励,为青年创造公平的竞争环境和发展机会,使其将自我价值与组织价值的实现相结合。

(四)注重培养,提高青年岗位胜任力

一是做好需求分析。结合组织需求、岗位需求及岗位胜任力评价结果,明确需要培养的岗位胜任能力。二是丰富培养形式。根据岗位胜任需求,开展针对性培训,包括任职培训、岗位轮训等,同时还要注重团队培养、岗位交流等,全方位、多方式地进行青年培养。

(五)科学指导,助力青年成长成才

一是要区分不同年龄、不同工作年限,针对性地引导青年树立合理的职业发展目标。要结合青年自身具体情况,确保目标与青年的能力水平、绩效评价结果、期望职位等紧密联系,保证目标的可实现性。二是在青年为职业发展目标准备的过程中,对其进行指导与修正。可定期进行岗位胜任力测评、绩效评价,判断青年设定的职业发展目标是否需要修正。

(六)加强调研,关注青年心理健康

一是要定期开展青年思想状况调研活动,掌握青年思想动态,摸清青年压力产生因素。注意针对不同年龄段的不同需求,具体问题具体分析。通过谈心谈话、心理疏导等,了解其工作生活需求并解决实际困难。二是可建立心理疏导平台。通过开展"青年职工沙龙""单位青年交流平台"等,为青年提供压力倾诉的平台,各单位也可派指定人员对青年进行不定期疏导,为青年的身心健康发展提供支持。

气象信息服务市场调研分析报告

柳晶　王娟　王小光　卫晓莉　陈钻

（华风气象传媒集团发展有限公司）

近年来,随着气象信息的开放共享,气象信息服务市场呈现快速发展趋势,但过程中也暴露出种种问题。调研组选取心知科技、墨迹风云、彩云科技三家影响力较大的气象信息服务机构作为调研对象,对气象信息服务市场进行深入调查分析,并提出应对措施。

一、气象服务市场调研情况

1. 心知科技

心知科技是由信天创投、成为资本、金沙江创投先后投资的互联网企业,2016年6月完成天使轮融资600万元,2018年4月完成A轮融资,融资金额达数千万元人民币。数据种类包括了9大类近百种产品,如天气实况、预报、历史天气、气象图层数据、近海天气数据、农业气象数据等。涵盖了国内的3156个县级以上城市和全球大部分城市。心知科技通过数据接口等向用户提供气象数据,长期在各搜索引擎上做竞价排名,在百度、360等搜索引擎中检索"气象数据",心知科技长期排名前三位。除了给企业级客户提供气象数据,还面向中小企业和个人开发者售卖气象数据,包括历史数据等。

2. 墨迹天气

墨迹天气成立于2010年,同年3月获得险峰长青(险峰华兴)天使轮250万元人民币投资,2013年1月获得阿里巴巴数千万元人民币B轮融资,2013年11月获得创新工场数千万元人民币C轮融资。数据服务平台主打全球天气服务,基于专业技术和庞大的气象数据,提供分钟级、千米级的精准天气服务,支持约199个国家、70多万个城市/地区的天气查询服务。墨迹天气APP有5.5亿的用户数,主要收入来源是其广告收入,占比约98%。自2016年起,墨迹天气在大数据、云计算、AI和数值模式预报等方面重点发力,开始布局B端商业化服务战略。截至2018年年底,墨迹天气已拿下国内绝大部分外卖行业的气象服务订单。

3. 彩云天气

彩云天气2018年10月完成A+轮融资,主打产品是分钟级别的降雨预测。短时降雨预报精准至1分钟、预报范围缩小至1千米、预报平均准确率达83%,提供120小时全国范围雾霾情况预测等。彩云天气数据来源较复杂,据了解其长期从各省气象部门爬取雷达数据。彩云天气近年持续发展具有高阶认知能力的人工智能技术,目前最大客户是小米手机,小米手机的天气服务采用彩云的分钟级降水数据。与大众、奥迪、苏宁易购、滴滴出行等达成长期合作关系。

4. 对比分析

调研分析三家情况,有以下共同之处。

各家数据来源多头、气象数据获取成本低廉。三家公司均有多套数据源、主备辅助。据了解,三家公司全部、海量气象数据的获取成本最高仅百万量级。

气象数据明码标价,在线销售量大且价格低廉。三家公司均有在线数据销售平台,提供在线接口服务,收费包括基础数据及带宽运维成本等,在线销售模式成熟、操作灵活。接口累积请求次数已超过千亿次,但数据价格单价极低,因此总体气象数据销售收入不高。而其线下的气象数据违规售卖情况和行为可能更甚。

非常注重专业能力建设,专业人才实力雄厚。三家公司团队专业人才占比均在60%以上,其中墨迹天气团队气象专家、大数据专家、人工智能资深研究员、产品设计和解决方案等专家有 100 余人，彩云科技团队包括人工智能和机器学习研究员、神经网络算法架构师以及曾供职于央视和清华神经科学实验室的产品开发等 40 余人，专家实力雄厚。

二、调研发现的问题及影响分析

气象信息服务乱象愈演愈烈，服务数据质量参差不齐。气象信息服务乱象主要集中在机构违规售卖气象数据和违规传播气象信息。同时，各机构发布传播的实况、预报产品质量参差不齐、来路五花八门，导致社会公众非常困惑，每年通过气象部门 400 电话、网站、热线等反馈投诉的公众服务数据不一致情况达上千起，从公众的角度看，面向社会发布的气象信息即为气象部门提供的权威信息，这些行为严重损害了气象部门官方、权威的形象，扰乱了气象信息服务市场秩序。

社会机构违规低价转售气象信息，严重贬低气象信息价值和气象服务效益。社会机构法律和契约意识淡薄，众多社会机构在获取气象信息后直接变成气象信息"贩子"，从中赚取差价。以天气实况信息为例，心知科技 3156 个国内站点售价 5000 元/年；墨迹风云 5500 个国内站点售价 3120 元/年；彩云科技按调用次数计费，实况提供全球格点实况，每年 1.8 万元起，日均 30 万次调用量。其中，心知科技甚至曾对数十年历史气象观测数据明码标价并在线售卖。气象信息本身的价值及气象服务的价值被严重贬低。

气象部门未建立分工协作的规范和机制，导致出口分散，气象信息成为行业发展附属品。气象信息对外合作过程中操作不规范、出口不一致、责任不落实，导致气象信息低价流失情况严重，同时由于气象信息的使用约束不严，导致社会机构违规售卖气象信息的情况逐渐增多，也势必导致气象部门在大数据融合应用的价值链条中，逐渐沦为初级原始气象资料的提供者。

气象部门服务阵地和服务出口逐渐丧失。随着气象信息服务乱象愈演愈烈，国内外各类社会公司正在快速抢占气象服务阵地和出口，使国有气象服务机构的影响力逐步丧失，发声能力、服务传播能力也面临快速下滑。随着网络、电视端气象服务权威声音逐渐被削弱，气象部门的话语权和发声能力也将大大削弱。

三、应对思路和发展建议

全面贯彻落实党的十九大精神，坚持以习近平新时代中国特色社会主义思想为指引，牢固树立和落实新发展理念，坚持公共气象服务发展方向，以推动气象信息服务市场规范化发展为目标，充分发挥国有企业在市场服务中的主体作用，推进建立出口统一、分工协作、效益共享的合作机制，进一步规范和引导气象信息服务市场。

1. 发挥国有企业主体作用，统一气象信息服务出口

建立事企分工协作的气象数据服务模式，明确国家级业务单位负责建立数据产品采集、传输、加工业务体系，国有企业承担产品面向市场的统一供给与服务，保障气象部门信息口径的一致性。

2. 建立效益反馈分配机制，保护气象信息价值

建议中国气象局依托中国天气云平台的建设资源及经验，委托国有龙头企业牵头建立气象部门商业气象信息服务模式，建立国有企业与国家、省级业务单位的气象信息服务协作机制和效益分配机制，促成部门内部集约、高效的分工协作模式，最大限度保护气象数据价值、保护部门整体利益。

3. 规范气象信息服务管理，完善整体解决方案

从中国气象局层面强化气象信息管理，明确限制低级的原始数据资料提供，进一步规范和强化气象信息使用管理。进一步鼓励和推动"气象+行业数据"的深度融合应用，提升气象服务面向公众和行业的整体解决方案支撑能力，真正提升气象服务经济社会发展的效益和能力。

吉林省气象部门党内监督体制机制建设调研报告

李锡福　　聂佳　　陈奇　　任姝凝

（吉林省气象局）

一、组织体系建设基本情况

（一）吉林省气象部门纪检机构

全省气象部门共设党组纪检组 11 个。其中,省气象局党组纪检组 1 个,市(州、管委会)气象局党组纪检组 10 个,均设有专职纪检组组长,并为省、市两级局党组同时配备纪检组副组长;省局各直属单位党支部设纪检委员;各县(市、区)气象局党支部设纪检委员。

（二）全省气象部门纪检队伍情况

全省从事纪检工作人员共有 110 人,省局党组纪检组 5 人,均为专职人员;市(州、管委会)气象局党组纪检组组长 10 人(均为专职人员)、纪检组副组长 10 人(其中专职人员 3 人)、纪检委员 15 人(其中专职人员 1 人);省局各直属单位设纪检委员 24 人、各县(市、区)气象局设纪检委员 46 人,均为兼职人员。实现了机构、人员全覆盖。全省气象部门共有专职纪检人员 19 人,为纪检干部总数的 17.3%。

（三）强化政治监督,推动落实上级重大决策部署

1. 强化理论武装,践行"两个维护"

坚持把学习贯彻习近平新时代中国特色社会主义思想和重要讲话精神作为首要政治任务,加强《中华人民共和国监察法》等法律法规和《中国共产党纪律处分条例》等党纪党规的教育培训。

2. 规范巡察,形成巡视巡察上下联动

一是制定、修订《中共吉林省气象局党组巡察工作实施办法》。二是成立中共吉林省气象局党组巡察工作领导小组,健全巡察工作领导小组及其办公室责任分工,从省局党组、省局巡察工作领导小组、省局巡察办三个层面,明确巡察成果运用、巡察发现问题线索处置、巡察档案管理、巡察工作保密等要求。三是制定《中共吉林省气象局党组巡察工作规划 2019—2022 年》,实现首轮政治巡察全覆盖。

（四）聚焦主责主业,履行监督执纪问责职责

1. 夯实基础,不断规范监督执纪工作

一是完善工作制度,制定《中共吉林省气象局党组纪检组工作规则》《中共吉林省气象局党组巡查工作领导小组工作规则》。二是建立市州局纪检组长和省直机关纪委书记定期报告机制、纪检委员履职情况检查机制以及政治生态研判机制。三是规范纪检业务工作,完善纪检组长办公会议、档案管理制度,建立领导干部廉政档案、编制监督执纪工作手册,修订县局党建和党风廉政建设工作手册,优化纪检组和机关纪委函复意见流程。

2. 聚焦主业,认真落实专责监督

一是督促省局班子成员落实"一岗双责"和双重组织生活制度,加强同级监督。二是全程参与行政

审批、项目建设和大额资金使用等重要事项决策过程,加强重大事项监督。三是认真落实"双签字"制度,严把干部选拔任用"党风廉政意见回复关",实事求是评价干部廉洁情况。四是组织开展纪律处分决定执行情况的检查监督工作,对在纪律处分决定执行中存在的问题立即进行整改,及时纠正到位。

3. 强化执纪,准确运用好"四种形态"

一是修订完善相关制度。制定、修订了《吉林省气象局党组纪检组谈话函询工作实施细则》《中共吉林省气象局党组纪检组信访举报处理办法(暂行)》《中共吉林省气象局党组"双向约谈"办法(试行)》等制度。二是严抓纪律执行。实行省局纪检组与下级纪检组长"定期约谈"和"定期报告"制度,压实监督责任。建立信访举报问题线索综合研判机制,为省局党组研判政治生态提供依据。三是在日常监督上抓早抓小。加大对苗头性、轻微性问题的处置力度,让党纪轻处分和组织处理成为大多数。

4. 注重预防,扎实开展警示教育活动

一是组织开展党风廉政宣传教育月活动。二是剖析和通报身边典型案例。建立典型案例常态化通报机制,召开警示教育大会;创办了《白山松水清风》廉政电子期刊;组织党员干部参观警示教育基地、观看警示教育专题片。三是紧盯重要节假日关键节点,重申作风纪律要求,保持警钟长鸣。

5. 提升本领,加强纪检干部队伍建设

2016 年以来,省局党组纪检组按照"统筹全省纪检干部队伍建设、统筹加强工作规范和业务流程建设、统筹谋划全省纪检工作布局、统筹开展调查研究"的工作思路,持续推进纪检干部核心能力建设。配齐各市州局纪检组长和副组长,细化了基层党组织纪检干部职责,加强纪检干部培训,实现了市(州、管委会)纪检组长培训全覆盖。建立了市州局纪检组长集中述职、纪检干部集体谈话等一系列机制。

(五)协助党组履行主体责任,推进全面从严治党向纵深发展

1. 厘清责任,推进管党治党责任体系建设

一是推动构建全省气象部门党建和党风廉政建设责任体系,完善责任清单、加强台账管理,形成"一级抓一级、层层抓落实、责任全覆盖"的责任体系。二是落实党风廉政责任制,签订党风廉政建设责任书,压实"一岗双责"。三是围绕全面从严治党重点工作,开展嵌入式监督,推动重点工作部署有效落实。

2. 纠正"四风",认真落实中央八项规定精神

一是组织开展"四风"问题专项整治和办公用房专项清查工作。二是配合完成中国气象局督导组实地督查工作,完成中央八项规定精神落实情况自查和督查反馈意见的整改落实。三是及时约谈存在问题单位的主要负责同志、纪检组长,推动建立长效机制。

3. 发挥职能,审计监督效果明显

从严加强审计监督,强化审计结果运用和整改效果跟踪,实现了审计工作年度全覆盖。持续推进每年的审计全覆盖工作,2016 年以来,审计违规金额占比下降到 1% 以内,2018 年降至 0.55%。

二、存在的主要问题

(一)政治监督的意识还不够强

纪检基础性工作仍薄弱,与全面从严治党总体要求差距较大,监督责任体系尚不健全,推动落实上级决策部署不够有力;纪检干部队伍总量少、"三转"不充分,主动履责意识不强、动力不足、水平不高,"不想、不敢、不会"监督的问题仍存在;纪检监察体制机制还有不顺畅的地方,与地方纪检监察机构的联系沟通机制需完善。

(二)监督体系尚不完善

1. 监督制度不够完善

监督制度不健全,现有个别制度在整体设计上,规定得比较原则,没有相应的配套制度和实施办法。有的制度执行起来弹性比较大,刚性不够,市、县局在具体工作中难于把握,针对性和操作性有待加强。

2. 审计监督力量明显不足

全省气象部门审计工作人员 34 人,仅 4 人为专职,省局虽有审计机构,但相关专业人员仅 1 人,审计力量明显不足。

3. 县局监督机制有待健全和完善

全省气象部门各县(市、区)气象局没有专职的纪检监察机构和人员,纪检干部均为兼职,对如何发挥纪检监督作用不是很清晰,难以聚焦主责主业;县局纪检干部直接监督同级,部分县局副局长兼职纪检监察员,监督作用很难实现。

4. 队伍能力建设有待强化

全省气象部门纪检干部队伍相对年轻,经验不足,实践较少,专业化知识不足,且全面从严治党对纪检监察干部自身素质的要求越来越高,培训资源有限,培训跟进不够,导致纪检工作人员很难适应全面从严治党新要求。

三、改进措施和建议

(一)强化理论武装,切实提高政治站位。

加强理论学习,坚决做到"两个维护",锤炼坚强党性,指导实践、推动工作。

(二)逐步健全省市县三级党内监督组织体系

完善党内监督制度体系。强化建章立制,注重制度的可操作性和针对性。制定规章制度时,根据形势变化和本单位、本部门实际,制定具体的实施细则。强化制度的执行。

增加配强专职纪检干部。统筹机关参公和事业编制,适当增加市局党组纪检组干部数量,探索省局直属事业单位设立专职纪检干部岗位。实施纪检干部综合素质和专业能力提升计划。

探索推动县局专职纪检机构实体化。探索县局领导班子成员中设立纪检组长,也可探索市级气象局建立联合派驻监督机构。

健全纪检组长对上级党组织直接负责机制。完善上级党组织对下级纪检组长(纪委书记)单独考核制度;建立各级纪检组信访线索处置向上级党组织请示报告制度;落实好纪检组长异地交流制度,破解内部监督和同级监督"宽松软"难题。

(三)构建纪检监督、审计监督、巡察监督常态化机制

强化纪检监督。统筹各种监督力量,做好职能监督、审计监督和巡察监督与纪检监督的协调联动,强化同级监督,切实发挥各级党组纪检组对同级党组成员,尤其是"一把手"的监督作用。有效运用监督执纪"四种形态",把执纪必严、违纪必究与抓早抓小、防微杜渐有机结合起来,构建立体防线。

深化审计监督。聚焦科研项目、工程建设、政府采购和大额资金使用,发挥内部审计防范风险的作用。统筹运用"1+N"等审计组织方式,努力做到"一审多项""一审多果""一果多用"。将审计问题整改、财务检查与巡察有效联动起来。

深化巡察监督。统筹安排专兼职人员,推进巡察机构实体化运行,构建巡视巡察上下联动的监督格局。统筹开展常规巡察、专项巡察、机动巡察和"回头看",对管辖单位的常规巡察至少五年全覆盖。加

强巡察成果的综合运用,把巡察整改落实作为纪检部门和职能部门日常监督的重要内容,作为干部考核评价、选拔任用的重要依据。

(四)加强纪检干部队伍建设,提升纪检干部履职能力

加强学习,切实提高政策理论水平。纪检干部要牢固树立终身学习的理念,有针对性地学习相关法律法规、政策措施,丰富知识储备,做到纪法融会贯通、熟练运用,结合实际工作推动监督执纪工作。

强化培训,努力提升纪检干部业务水平。组织举办纪检监察干部培训班,通过培训进一步增强责任意识,强化自身建设,进一步提升纪检干部业务水平和履职能力。

建立联合查办案件机制。抽调专职纪检人员与省局纪检组联合开展信访线索处置工作,兼职纪检干部参与省局党组巡察工作,提升纪检干部监督执纪能力和水平。

江苏气象部门研究型业务建设调研报告

严明良　吕军　曾明剑　王啸华　吕思思　赵启航

张蓬勃　王易　王平　姜玥宏

（江苏省气象局）

一、调研的主要收获

(一)江苏省推进研究型业务工作具有较好的基础

一是气象现代化建设成果为研究型业务提供了有效的驱动力。信息化的推进为研究型业务创造了基础数据环境。智能台站以及高密度自动站网、新型探测设备的建设,为开展综合观测研究型业务提供了前提。智能网格预报的业务化,各类客观预报业务质量稳定在全国前列,客观化预报产品体系的业务应用为推进预报预测研究型业务奠定了坚实的基础。建成了精细化的专业气象服务平台,开发了智能网格预报智能解译系统和公共气象服务产品加工平台,以智慧气象为标志的气象服务融合发展,为推进气象服务研究型业务创造了良好的条件。

二是开放合作的平台和机制为开展研究型业务提供了良好的支撑力。注重科技创新载体建设,搭建了开放合作平台,组建了南京大气科学联合研究中心,初步建立了基于集合预报的无缝隙精细化预报产品体系,经统计有70%以上的成果进行了业务测试和转化。交通气象实验室纳入中国气象局重点开放实验室管理序列,实验室研发的业务平台和相关技术在全国范围得到了推广应用。近两年国家自然科学基金获批数量达到历史最高水平,为开展研究型业务工作创造了良好的氛围。分类建设"重点团队""培育团队"和"合作团队",完善部门与院校科技协同创新机制,改进科研项目立项及资金筹措方式,健全科技成果评价及绩效奖励机制,建立科技成果转化激励机制。培养了一批青年科学家、领军人才,整体推进科技人才队伍建设。尤其近几年新进人员大部分具有研究生以上学历,都有一定的科研能力。

(二)江苏省推进气象研究型业务需求迫切

一是落实科技创新驱动发展战略的必然要求。发展研究型业务是气象行业主动融入科技创新战略的具体举措,有利于聚焦智能网格预报、智能观测、数值模式等气象核心技术发展,强化新一代信息技术的融合应用,促进科技创新释放更大的活力和动力。

二是增强自身业务水平的有力手段。随着新技术的不断发展、服务需求的不断提高,迫切需要通过持续不断的科学研究来解决业务问题。如智能台站的建设,对观测业务提出了新的要求,观测员比较习惯于传统的观测业务,不适应智能化的新型观测体系,对通信、计算机系统的要求超过了传统观测技术的要求;智能网格的发展,对预报员提出了新的挑战,经统计,2018 年 7 月—2019 年 6 月 24 小时全省预报员降水吻合性技巧评分－0.434,气温评分为－0.174,风的评分为－0.192,说明预报员对质量已经比较高的预报产品缺乏有效的订正办法;人民对美好生活的追求,迫切需要我们发展精准化、可订制和智慧气象服务产品。新技术、新需求倒逼我们必须改变现有的业务格局,提升业务水平。基层预报员普遍感觉对要素预报的订正难度越来越大,希望通过改进流程和优化技术手段推进预报服务工作从"辛苦型"向"效率型"转变,从"值班型"向"研究型"转变。

三是提升服务"强富美高"新江苏气象保障能力的最佳途径。江苏气象工作担当着做好"强富美高"新江苏建设气象服务的重任,也面临气象服务社会化国内外行业竞争的挑战。同时,气象科技支撑业务发展能力不足、核心技术发展与国际发达国家、国内先进省市有明显差距的问题日益突出。发展研究型业务,就是要解决制约气象业务发展的关键技术问题,实现关键技术重大突破和自主可控,以科技进步提升业务竞争力和行业影响力,驱动气象业务进入集约化、智能化、精准化的发展新时代。

四是解决业务与科研脱节问题的有益探索。发展研究型业务,就是推动形成"业务、科研、再业务"的良性循环整体。以科技创新驱动气象事业发展,更加有效解决现有业务的低水平重复、流程的衔接不通畅、平台的支撑不足和人才资源紧张等问题。以业务需求推进科学技术进步,通过解决气象业务面临的难点、难题,引导气象科技创新发展,同时,能否解决业务中存在的问题也是衡量科技成果产品的重要标尺。

(三)当前江苏省推进研究型业务建设还有很多短板

1. 在预报预测方面

主要问题是抓顶层设计不够,重点不突出,一些关键核心技术还存在瓶颈,预报的智能化、精细化、准确性还有差距。主要表现为:一是客观预报产品体系、业务系统建设的顶层设计不够,存在低水平重复、零散建设,没有形成一套完整的江苏品牌特色客观预报体系,市县预报员普遍觉得对客观预报订正缺乏有效的手段。二是基础工作不够扎实,业务科研人员对资料共享的问题、新型探测资料的应用问题、业务系统不稳定反映比较多。三是对智能网格预报业务体系之下的各级预报业务人员定位不清晰,特别是市局预报科研队伍发展相对不科学、不平衡,表现为总体上预报员数量偏少、队伍年轻、专业不合理、缺少经验、岗位设置不科学等。如徐州市气象局预报科研人员有 14 人,但绝大多数本科专业非气象学;宿迁、无锡等市局预报科研人员不足 10 人,且绝大多数在 35 岁以下;扬州市局根据目前市级业务布局,正常轮班需要 6~7 人,只有 2~3 人可供各种培训、学习、开会等调配;各县局气象台一般 3~4 人,普遍存在业务人员预报、测报、服务甚至财务岗位兼职情况。四是灾害性天气的预警能力还有待加强,技术存在瓶颈,主观能动性需增强,机制需要完善。在预警信号发布方面,对于高影响的灾害性天气的预判能力仍然不足,基层业务人员有空报方面的顾虑,临近或者出现天气后再发预警的情况仍然较为普遍。

2. 在气象服务方面

主要问题是对气象服务的需求了解不深,"以人民为中心"的发展思想贯彻落实不到位,还存在一定程度的形式主义问题。主要表现为:一是对气象服务的需求了解不够,针对性不强。很多气象服务是属于"自己觉得有用的产品""一直在发布的产品",还有很多"根本没人用的产品",调研中直属单位梳理出"短期降水等值线预报""空气质量指导预报""远洋海区预报"等 15 种"僵尸产品",而一些行业真正需要的服务又跟不上,我们调研了南京卫岗集团、扬州的扬泰机场,他们与省局直属单位开展合作,分别成立了气象研究院、高影响天气预警服务实验室,侧面反映出服务已经不能很好地满足企业的需求,倒逼企业自行着手开展研发。二是服务手段跟不上科学技术发展,在公众服务领域比较注意新媒体技术的应用,但在专业服务领域、重点行业,服务的手段太单一,有的已经跟不上其他行业发展,已经逐步被淘汰或处于被淘汰边缘。三是服务与预报结合不够紧密,对精细化智能网格预报产品如何更好地应用于服务思考不够,对开拓气象服务新领域的积极性不高。很多预报产品在内部循环,没有发挥服务效益。

3. 在气象科技创新方面

主要问题是贯彻落实国家和地方科技创新政策不够彻底,科研成果转化效率不高,调动科研人员积极性缺乏更多的办法。主要表现为:一是仍存在业务和科研脱节情况,科研成果转化率不高,各类科研项目的研究成果对业务的贡献率偏低。二是科技政策落实"最后一公里"还没有完全打通,各级科技主管部门统筹协调、督促和指导业务单位落实好相关政策的力度还不够,一线业务科研人员对政策理解不透彻,成果转化的激励机制还不完善。以科研经费管理政策为例,近两年省局各类科研项目经费平均使用率不足50%、个别项目使用率甚至不足20%;一些单位科研项目的经费报销、间接经费中的绩效支出手续烦琐;很多单位对项目结余经费统筹使用没有相应的管理办法。三是科研人员的"选、育、管、用"机制仍需完善,省级缺少领军性人才,市级缺少专业研究型人才,县级缺少复合型人才,教育培训的系统性、针对性和有效性仍然不强等。

在观测业务、信息化建设方面,反映比较多的问题是近年来布设了大量新型探测设备,但大多数基层台站自己不会用,一些新型探测数据没有归口保存,没有进行质量控制与整编存档。还有提出金坛野外试验基地的资料没有做好共享应用,只是保存在一些省级业务科研部门,没有为全省气象部门开展研究型业务发挥更好的作用。

二、思考与建议措施

一是要从适应新时代新要求的战略高度充分认识做好研究型业务的重要性。充分认识到研究型业务不是独立于现有业务之外重建,而是对原有以业务值班为主的业务升级再造,使之兼具业务运行和科研开发双重属性和职能,以业务需求带动科学技术发展,以科技进步推动业务能力的提升。

二是建议进一步优化省市县研究型业务布局。鉴于市县局业务人员偏紧,建议研究型业务发展重点放在省级业务单位,市级重点针对气象服务来发展,县级重点做好短临灾害性天气值守班和观测系统的稳定维持。省级针对研究型业务重新调整岗位职责,优化业务单位岗位设置,增强业务岗位研究、开发职责。省级设立专(兼)职技术开发岗,开展中试和业务转化应用,推进科技成果在业务中的实际应用;探索市级预报技术人员定期到省级业务单位交流并参与关键技术研发的机制。各市级气象业务单位明确兼职业务人员开展科技成果的本地化应用,负责本地业务平台的建设和运行。市县级观测业务由以业务值守为主调整为观测系统运行保障、数据处理分析等。

三是建议进一步完善研究型业务科技创新机制。用好用足科技创新政策,进一步完善科技成果转化及收益分配制度;继续推进业务单位与科研院所、高校、企业合作,在省级科研或业务单位设立科研成果转化平台,开展研究型业务和成果转化客座交流。发挥好南京大气联合研究中心作用,积极配合开展南京气象科技创新研究院建设。继续推进中国气象局交通气象重点实验室发展和交通气象野外综合观测试验基地建设。

四是建议进一步提升研究型业务信息化支撑能力。进一步加强气象信息化顶层设计,建设管理好高性能、大容量、易扩展、高可靠、易管理、可动态优化的存储资源池,统一开发气象大数据服务中心和气象大数据平台,提供基于"云+端"模式的集约业务应用。统筹业务资源,形成业务分析诊断系统、产品网站、APP、公众号等移动终端融合一体的统一省、市、县三级气象业务的新一代智能化业务平台。尽快建立产品和业务系统准入机制。

五是逐步建立以智能观测为重点的气象观测研究型业务。形成具有实时在线监控、故障报警、监控信息生成和分发及反馈响应等功能的运行监控业务平台。做好南京大城市垂直廓线观测试点业务、金坛野外综合气象观测基地和国家气候观象台建设、苏北国家级龙卷监测预警野外试验基地建设、沿海近岸海洋气象观测系统建设。

六是逐步建立以智能网格为核心的预报预测研究型业务。重视全国实况分析产品和本省高时空分辨率同化分析场的应用,建立省级制作、三级应用的实况分析业务。继续深化灾害性天气预报预警业务,提升强对流天气跟踪预警以及临近预报能力。加强智能网格预报业务,实现从零时刻到延伸期网格预报产品的无缝衔接;完善主客观预报智能编辑与融合、预报场智能重构、分区预报智能拼接和预报产品智能生成等功能;实现对智能网格产品、强对流预报产品实时在线检验评估。加强顶层设计,升级区域高分辨率数值预报模式,推进江苏省数值模式业务化、品牌化、系列化进程。

　　七是逐步建立以智慧气象为标志的气象服务研究型业务。加快研发智能解译和交互订正技术、基于位置的公众气象服务新技术等,实现基于用户行为习惯和个性化需求的智能感知气象服务;加强气象服务效益评估业务。发展气象灾害实时跟踪、趋势预测、影响评价等决策气象服务技术。开展"气象＋行业"影响预报服务,深化重点行业气象服务,开展灾害性天气风险影响预报;开展区域气候可行性论证试点业务等。进一步加强省级卫星遥感技术研发与产品应用研究。

践行初心使命，加强和改进新时代气象部门党校工作

王志强　周亮亮　邓一　李杨　杨萍

（中国气象局气象干部培训学院）

一、调研开展的基本情况

专题调研组通过多种形式对系统内外相关单位和相关人员进行调研，调研呈现以下特点。

一是调研对象丰富。调研单位既包括中央党校（国家行政学院），也包括省级党校（如湖南省委党校、湖北省委党校等）、部委党校（如农业农村部党校、国家体育总局党校等）、企业党校（如中国邮政集团公司党校等）、基层党校（如阳原县委党校等）、局党校分校（如湖南分校、湖北分校等）；既包括气象系统内有关单位，也包括部门外科研院所。

二是调研内容聚焦。调研内容涉及党委（党组）办党校、建党校、管党校的主体责任，党校的组织结构、机构设置、人员编制，设施设备、经费保障、后勤服务，"党校姓党"根本原则的落实，"用学术讲政治"的探索，党校学科建设、师资培养、课程统筹、案例开发、教学改革、现场教学基地建设、党性教育主题教室建设等。

三是调研形式灵活。

四是调研深入充分。

二、调研中发现的主要问题

（一）对党校工作的政治属性和加强党校工作的重要性认识仍有差距

《中共中央关于加强和改进新形势下党校工作的意见》《2018—2022年全国干部教育培训规划》等文件明确了党组（党委）对党校的领导。以新华社党校为例，由于党校推动有力，社主要领导亲自指导党校主题教育读书班；农业农村部党校主要班型的教学计划由副部长审批，部分重点班型由部长亲自审批；住建部党校坚持每学期邀请部领导为学员讲授开班第一课。相比而言，干部学院（局党校）在这方面推动力度不够，对领导干部进党校课堂持续跟进不够，对中央关于建党校、管党校的要求理解不到位，细化落实的制度没有跟上。

（二）党校作为理论教育和党性教育主渠道主阵地作用发挥仍有差距

2017年12月局党校成立，党组要求党校依托干部学院开展干部教育，定位是气象部门的"主渠道、主阵地"。与之相比，目前存在三点不足：一是对最新的中央文件精神培训、轮训不够。如针对十八届五中全会、六中全会、十九届三中全会精神等未开展轮训，针对习近平总书记关于综合防灾减灾的论述、精准扶贫论述、乡村振兴战略、生态文明建设等与气象密切相关的培训不够。二是现有培训规模与需求不相适应。每年参加党校培训的处级及司局级干部的人数，与五年轮训一遍的要求存在较大差距，党支部书记参加培训的情况与《中国共产党支部工作条例（试行）》中要求每年轮训一遍的要求也存在差距。三

是培训班型体系框架在实践中存在空白点。如没有开展内设机构司局级的党支部书记、司局级的领导干部相应的党校培训。

（三）师资队伍聚焦主业担纲主课仍有差距

干部学院1999年改制后从学历教育向业务技术培训转型，2011年更名为中国气象局气象干部培训学院后，进一步向干部教育培训转型发展。通过对成人培训规律、继续教育规律和领导干部培训规律的探索与应用，走出了一条有特色、有规模的干部教育培训之路。目前已形成了一支覆盖经济学、管理学、社会学、教育学、心理学等丰富学科背景的师资队伍，已可以完成"社会调查方法""领导心理健康""结构化研讨方法辅导""应对气候变化"等理论课程讲授，并且有能力完成"气象为农服务""灾害风险管理"等领域的案例课程开发与讲授。然而，能够承担马克思主义基本原理、党史、党建等课程讲授的教师极为缺乏，现有教师对于这些领域的知识积累和专业能力相对不足，越来越不能满足新形势新要求，已成为制约提升党校培训质量的短板。

调研中还发现，中共中央党校和各地省委党校，具有部门设置合理、师资力量雄厚等共性特征，有效保证了其高质量完成主业主课。中国浦东干部学院、中国井冈山干部学院、中国延安干部学院各具特色，干部教育实力雄厚。一些部委党校、企业党校，也结合行业部门特点，细分了党的基本理论、党的建设、部门中心工作等多个方向，下大力持续跟踪，逐点击破，成功开发出党校系列课程。这些经验，对于提升局党校教学能力具有很好的启示和借鉴意义。

（四）机构职能改革与完善党校教育培训体系仍有差距

调研发现，农业农村部党校设立党校工作部、党政人才培训部、农垦发展培训部（职业教育中心）、财会经济培训部，合理的机构设置能够保证教师关注的领域更加聚焦。邮电集团公司党校在机构设置上也将党校类培训与一般性干部培训区别开。局党校挂牌以来，干部学院采取了一些强化干部培训的措施，但仍不能适应高质量干部教育培训的需要，主要问题有：一是"用学术讲政治"的理念悬空，能力不足。中共中央党校提出的"用学术讲政治"现已成为全国党校系统教学改革的中心内容，但与中央党校、地方党校的探索与实践相比，干部学院（局党校）对于这一理念尚不清晰，不知道从何处下手。二是案例教学内容比较陈旧，能够满足党校教学需要的案例严重不足。三是访谈式、研讨式教学虽有探索，但仍在起步阶段，与邮电集团党校等单位相比，差距明显。四是党性教育基地缺乏规划设计，依托党校分校开展基地建设的科学谋划推进不够。

（五）统筹用好党校及各分校教学资源仍有差距

调研发现，目前分院教学氛围比较浓厚，教职工思想较为活跃，但对党校未来发展方向、党校培训工作与气象业务培训工作之间的关系、党校培训的规律、党校工作对教师的要求等缺乏清晰的认识。分院教师围绕特色业务学科开展研究有声有色，相比之下，开展党校教学的师资力量极为薄弱。专职教师的学科背景主要是气象及其相关学科，具有社会科学基础或背景的教师寥寥无几。因此，教师授课及研究领域主要聚焦于农业气象、环境气象、预报预测等方向，党校培训的课程开发和授课能力比较薄弱。调研也发现，有的分校能够扬长避短，独辟蹊径，建立特色教学团队。如湖南分院系统开发了韶山革命传统教育和党性教育现场教学资源，辽宁分院把现场教学作为未来加强党校工作和教师培养的重要突破口，开发了雷锋现场教学、东北抗联现场教学资源等，但这些现场教学点的深度开发还不充分。

（六）经费和后勤保障与搭建宽广平台推动党校持续发展仍有差距

调研发现，中共国家烟草专卖局党校，因体制原因培训经费充裕。自然资源部党校在整体经费压缩的背景下，每年财政划拨631万元，专款用于两期党校班（每期约100名学员），经费充足。农业农村部党校将住宿列入中央定点采购名单、北京市定点采购名单,可有效补充教育培训资金,同时各地方委托办学多,形成可观收入。相比之下,干部学院(局党校)拨款有缺口,自身筹措经费能力欠缺。多次因为住宿等保障条件不足造成无法开展实质性合作,如在调研期间,商务部党校商谈 1600 人天的委托住读培训,因条件不具备未能达成合作。

三、思考与建议

针对存在的问题,干部学院(党校)应该通过加强宣贯、抓实举措、完善体系、补好短板和统筹谋划,着力提升党校教学能力,提高党校整体干部教育水平。

(一)加强宣贯,进一步转变教育培训理念

针对调研中发现的部分领导和教师对党校定位认识有待加强的客观现实,干部学院(局党校)应继续通过组织培训、研讨会、调研等形式,强化对"党校姓党"原则的宣贯,加快干部教育培训观念的转变,打消教师加强党校干部培训就必然会削弱业务培训的顾虑,在一如既往地重视业务培训、专业能力提升的同时,更加突出党校干部教育的地位,突出理论教育、党性教育的重要性。

(二)多措并举,提升党校教师的核心能力

一是围绕特色做文章。行业和部门的党校与各级党委所属党校虽然具有不可比性,但也不能自甘平庸,自我减压,而应该着眼于能力提升,立足特色,办出特色。二是围绕骨干做文章。干部学院(局党校)应通过制订人才支持办法,推动党校教师队伍建设,通过持续加强团队建设,鼓励教师到先进单位调研、学习,争取选送更多骨干教师到中央党校、中央和国家机关党校学习培训,开阔视野,提升能力。三是围绕案例做文章。案例教学是干部培训的重要手段和方式,是"干部教、教干部"的有效途径,干部学院(局党校)应在前期案例开发基础上总结经验,积极谋划激励措施,如设专项课题支撑案例教学研发,按照科研项目立项、资助等流程给予认定,通过案例开发,加强团队建设。积聚力量开发好"习近平新时代中国特色社会主义思想在气象部门的实践"系列案例。

(三)分类分层,不断完善适应党校需要的教学布局和课程体系

一是依托机构改革契机,将原有干部培训部分为专注政治理论与党性教育的干部培训部和专注于领导干部综合管理能力的干部进修部,让党校教育的发力更聚焦;二是引导教师在主业主课上下功夫,稳步建立党史、党建、马克思主义哲学、马克思主义政治经济学、科学社会主义、思想政治教育等专业课程;三是利用网络开展与党校相关的远程培训,扩大受众面,同时注意在业务类培训中适当增加党校特别是党性教育相关内容,在司局级领导干部的业务管理培训中增加政治理论教育和锤炼党性的内容;四是提高党校教师队伍的专业性,加强师资培训,加强教师对党校课程建设的参与度,强化课程评估结果的应用,督促教师不断丰富教学内容,进一步提升课程质量。

(四)因地制宜,补好党性教育基地这块短板

一是针对党性教育基地开发缓慢的问题,借鉴湖南分院、河北分院、农业农村部党校探索实践,本着量力而行、资源共享、不求所有、但求有用的原则,丰富党性教育基地内容,在发挥成效上做文章;二是鼓励学院教师下力气开发,将西山无名烈士广场、李大钊墓、香山双清别墅、卢沟桥、曹火星"没有共产党就没有新中国"创作地等结合串联起来,做成特色,形成品牌,扩大影响;三是针对党性教室缺乏的问题,应立足现有条件,营造学院、楼道和班级的党校氛围,开发"各个时期的入党誓词"讲解课程(30~60分钟);四是建设"首都红色足迹"党性教育主题教室。

（五）科学谋划，下好党校和分校一盘棋

一是加强分院对于局党校分校新身份的认知，推动分党校建设，形成对局党校的补充；二是帮助分院进行探索，围绕生态文明建设、气象部门发展史、体验式教学、案例开发等寻求突破，以此提升教师授课能力；三是针对分校教师交流少、学科单一的特点，在课题立项、人才交流培养、教学研究等方面要加强指导力度，干部学院应派出精干教师或帮助聘请高水平党校（行政学院）专家做具体指导；四是在课题立项、师资培养、教学研究、案例开发等方面，干部学院要加强对分院教师的支持，引导分院教师向政治更成熟、业务更娴熟的方向发展。

陕西县级气象台站党的组织体系建设调研报告

丁传群

（陕西省气象局）

调研组围绕"陕西县级气象台站党的组织体系建设"开展了专题调研，先后到渭南、商洛2个市气象局、6个县（区）气象局实地调研，召开专题座谈会5次、发放调查问卷180余份。

一、充分认识加强党的基层组织体系建设的重要意义

准确把握习近平总书记对新时代党的基层组织建设的新要求。准确把握中央对党的基层组织体系建设上的新规范。充分认识和重视基层党建工作的地位和作用。

二、陕西县级气象台站党的组织体系建设现状分析

（一）总体情况

近年来，陕西省气象部门以政治建设为统领，着力构建"条块结合、共建共享"的工作格局，党对基层气象事业的领导得到强化，基层党的建设水平明显提升，基层党组织的凝聚力、战斗力明显增强，为推进基层气象事业平稳发展提供了重要保障。

一是持续深化理论武装。深入学习贯彻习近平新时代中国特色社会主义思想，学习贯彻总书记关于气象工作、陕西工作的重要指示批示，旗帜鲜明讲政治，自觉把"四个意识"落实到各项工作中，坚定"四个自信"，坚决做到"两个维护"。推进"两学一做"学习教育常态化制度化，举办党的十九大精神培训班和远程培训，强化县局领导班子思想政治建设，进一步理清了发展思路。

二是加强基层组织建设。陕西省首次设立县局党组31个，所有县局均成立了独立党支部。建立了省局、市局党组成员联系县局支部制度。推进县局党支部标准化规范化建设，99个县局建成党员活动阵地，规范"三会一课"、主题党日等组织生活，开展了党员组织关系、缴纳党费等专项检查。

三是加强党员教育管理。紧扣省委提出的追赶超越主题，制定陕西省气象部门"鼓励激励、容错纠错、能上能下"三项机制，出台《"十强"县局评选办法（试行）》，第一批表彰了3类27个优秀县局，有效激发了基层班子干事创业的动力。各县局共选派驻村第一书记20余名，在脱贫攻坚一线锤炼党员干部。持之以恒落实中央八项规定及其实施细则精神，开展违规收送礼金问题等三个专项整治，强化党员干部红线意识和底线意识，树立廉洁从政良好形象。

四是健全基层党建工作机制。省、市局党组均成立了党建工作领导小组，每年初召开党建和党风廉政建设工作会议，切实加强对县局党建的组织领导。各县局积极参与到地方"大工委""大党委"建设中。将巡察制度特别是政治巡察延伸到县级气象台站，开展了基层党的政治建设专项督查。促进党建与业务充分融合，开展了基层党建品牌创建评比活动，2019年表彰了10个优秀县局党建品牌。

（二）县级气象台站党组建设现状分析

自2016年以来，通过县局党组建设，管党治党组织体系不断向基层延伸，县局党建进一步规范，县局整体工作水平稳步提高。同时调研中也发现了一些突出问题。

一是党组建设不健全。一些市局对成立县局党组的认识不到位，重视程度不够，工作推进缓慢，达不到"应建尽建"的要求。已成立党组的县局仅占到县局总数的 31.3%，其中，1998 年成立 1 个、2016 年 20 个、2017 年 7 个、2018 年 3 个，2019 年至今没有新增，增长缓慢。各单位意识不够，还存在党员领导人数少于 3 人、党员领导党龄少于 3 年等实际困难。还有的台站党组成立后至今未明确党组成员。

二是履职尽责不到位。有的县级气象台站对党组定位和职责任务不熟悉，不知道如何抓党组建设，党组没有实质性发挥领导作用。领导班子对履行主体责任、发挥领导作用领悟不深，"书记抓党建"履行不到位。有的台站党组成员分工不明确，没有覆盖全部工作。围绕中心抓党建的思路领悟不深，党建与业务结合不够，不同程度存在党建与业务"两张皮""重业务、轻党建""业务强、党建弱"的问题。

三是党组决策及执行机制不健全。有的台站集体领导机制和议事程序不健全，组织原则执行不到位，党组工作与行政、业务工作的关系认识不清，相互衔接不够。有 15 个县局未制定党组工作规则，10 个县局未开过党组会议、无党组会议记录。

四是组织领导机制还不健全。市局党建领导小组发挥作用有待提升，对"条块结合"的基层党建领导机制理解不深，在大抓基层、常抓不懈上思路不多、底数不清、指导滞后、措施单一。"协同管理"的工作机制未建立，在抓基层党建工作中，既有定位不准、重点不突出、工作"挂空挡"的问题，也有泛泛提要求、"上下一般粗"、多头抓、重复抓的问题。

(三)台站党支部建设现状分析

陕西省县级气象台站建立党支部 102 个，实现了党的基层组织全覆盖。陕西省县级台站党员总数 478 人，较 5 年前增加 75 人。将全面从严治党落到每个支部、每名党员，基层党支部建设更加规范有序，取得了明显成效。近 5 年陕西省各县级气象台站中，被县(区)党委或县(区)机关工委表彰为先进党支部 50 个，优秀党务工作者 53 人次，优秀共产党员 117 人次。同时也要看到，台站党支部建设还存在一定问题和差距。

一是党支部隶属关系没有完全理顺。作为双重管理单位，党的组织关系按照属地原则管理。目前县级气象台站党支部由地方直属机关工委、政府办公室党委领导有 82 个。但是，仍有 20 个党支部由县级部门党委代管，其中由县级农业农村局党委代管的 18 个，其他县级部门党委代管的 2 个。这与气象服务各行各业的形势要求不相适应。

二是县局党员存在区域差异，队伍建设与高标准要求还有差距。陕西省县级气象台站在职职工党员共 476 人，党员数量占到县局职工总数的 38.1%。国编人员中 52.51% 是党员，地方编制党员比例 36.76%，外聘人员党员比例 10.61%。陕西省台站平均党员数 4.76 人，低于平均数的台站 61 个，15 个台站仅有 2 名党员。陕北气象台站党员数量比例偏小，仅占到职工总数的 3.6%。从党员年龄、学历、职称分布来看，45 岁以下党员 288 人，占比 60.5%；本科及以上学历党员占比 61%；高级职称以上党员比例偏低占 9%。县局党员人数偏少、党员占职工总数的比例偏低、党员中高学历和高级职称数量偏少等问题仍然突出，影响党的组织作用发挥，与"一个带头，三个表率"的高标准要求有很大差距。

三是支部委员会建设不规范。党员人数在 7 人以上的有 21 个县局，符合《支部条例》关于"设立支委会"的条件。根据《支部条例》规定，事业单位党支部书记一般由本单位主要负责人担任。调查了解到，县级气象台站支部书记由县主要负责人担任有 86 个，还有个别主要负责人未担任支部书记，有的单位班子成员不是党员。县级气象台站党务干部均为兼职，党务干部队伍建设滞后，个别台站把党建工作任务交给非党员承担。支部书记及党务干部不熟悉党建业务，党务知识比较欠缺，制度意识不强，"不敢抓、不会抓、抓不实"的问题比较突出，影响了基层党建工作质量。

四是党支部建设质量内涵不高。有的县级气象台站组织生活不规范，"三会一课"、主题党日不能按时召开；有的台站以行政会议代替组织生活，组织生活重形式、轻内容，党员没有得到严格的党内生活锻炼。有的台站党员活动场所建设标准不高、发挥作用不佳，党建基础资料不完善。有的县局党支部制度建设滞后、制度执行层层衰减。

五是党员教育管理有差距。思想政治工作与新形势新任务的要求还不适应。集中学习和日常教育管理不到位,学习方法简单化,新手段新办法运用不够,照本宣科多、深入研讨少、学习文件多、结合实际少,跟进学、系统学方面做得还不到位。党员教育监督存在"宽松软"问题,党员评议、党员积分制制度与履行岗位职责情况结合不够,党员在各项工作中的先锋模范作用发挥不充分。一些党员干部作风建设仍有差距,贯彻落实中央八项规定精神、整治"四风"需持续强化。

三、下一步加强建设的对策

(一)高度重视基层党组建设

自觉把基层党组织建设放到强化党对县级气象事业的全面领导的政治高度来审视、谋划和推进。本着"应建尽建"的原则,以党章、《党组条例》为基本遵循,灵活运用省、市局下基层锻炼、人员调配等方式,创造有利条件推动县局成立党组。选优配强县局党组班子成员,明确县局党组领导责任。持续开展县局党支部标准化规范化建设。按规定开展党支部换届改选,支部书记由县局行政负责人担任,按要求选举配备支部委员。

(二)健全决策机制

严格执行民主集中制,建立健全县局党组会议、局务会议、局长办公会议等议事决策规则,将党组领导责任与局长负责制统一起来。县局党组实行集体领导和个人分工负责相结合,严格执行集体决策制度。明确本单位重大决策事项和范围,坚持科学决策、民主决策、依法决策,坚决防止"家长制""一言堂"。重大问题在上会前,县局领导班子成员要充分沟通、取得共识。推进党务、局务公开,强化民主管理和监督,提高决策民主化水平。

(三)完善运行机制

制定县局党的建设责任清单,完善本单位"三会一课"、组织生活会、党员学习、发展党员、请示报告、民主评议党员、党员积分制、党建述职评议考核等党内工作制度。健全县局议事规则,明确党组织的职责任务、工作机制、组织保障等内容要求,把党的领导融入县局管理各环节。围绕中心抓党建,从基层气象工作实际出发,找准党建工作的着力点,将党组织活动与县局各项工作有机融合,充分发挥党员先锋模范作用。

(四)理顺管理关系

由县级其他部门党委代管的党支部,要积极向地方党委汇报,理顺党组织隶属关系,调整为由地方机关工委领导。坚持"管行业必须管党建",省、市局党组要把抓好县局党的组织体系建设作为系统党建的重要任务。省、市局党组要履行领导责任和监督责任,将机关党建与县局党建统一谋划、融合推进;省、市局党建领导小组及其办公室要履行牵头抓总责任,把县局党建经常抓在手上;自觉接受上级气象部门党组和地方党委政府的领导,接受地方机关工委的指导。

(五)提升建设质量

把政治标准放在首位,抓好发展党员工作。采取领导干部党建联系点、市局机关与县局支部结对帮扶等措施,有效整顿转化后进的县局党支部,让党支部强起来。发挥典型示范作用,面向陕西省县级气象台站开展优秀党建品牌、优秀主题党日、五星级党支部评比活动。

（六）加强党员教育管理监督

创新思想政治工作内容、方法和载体，以政治建设为统领，深入学习贯彻习近平新时代中国特色社会主义思想，加强党章党规党纪学习，真正做到从思想上建党、从思想上入党。推进"两学一做"学习教育常态化制度化，经常教育引导党员干部牢记初心使命，牢记入党誓词，自觉按照党员标准规范一言一行，自觉做一名合格党员。运用好现场教学、视频教学及学习强国平台、微信群等信息化手段，增强党员学习教育的时代性、吸引力。抓好气象发展政策、气象现代化知识的学习，引导党员立足岗位作贡献，在担当急难险重任务中走在前列。及时掌握党员的思想工作动态，开展谈心谈话，及时发现、批评、纠正履行党员义务不到位等问题。

（七）强化党务干部队伍建设

按照政治坚定、纪律严明、作风优良、业务精通的要求，每年由省气象干部培训学院安排对县局支部书记、支委成员进行集中培训。将党性教育、党建知识列为县局岗位轮训内容，不断提高党建工作本领。将党员活动阵地建设、党员经常性教育统筹纳入台站综合能力建设工程，夯实工作基础，全面提高县局党建工作的质量和水平。

（八）认真践行群众路线

发挥党组织的组织群众、宣传群众、凝聚群众、服务群众的作用，把党员和群众的强大力量汇聚到支持发展、参与改革、狠抓落实上来。强化县局党组和党支部的组织能力，坚持党建带群建、带团建，通过学习模范人物、身边典型，请党员讲给群众听，请身边人讲身边事，把人气聚起来，把群众动员起来，引导干部职工弘扬和践行"准确、及时、创新、奉献"的气象人精神，争做服务经济发展、保障人民美好生活的实践者、推动者。

关于加强县气象局"监督职责"落实探索实践的调研报告

张洪涛　扈成省　刘慧

（中共河北省气象局党组纪检组）

一、县气象局目前监督责任落实现状

目前，全省135个县气象局均设置纪检监察员，其中大部分县气象局设置一名兼职纪检监察员负责纪检监察工作，一部分条件允许的由一名副局长分管纪检监察工作，秦皇岛、沧州、衡水市气象局目前试点推行市级对县级综合监督工作，所辖县气象局原有纪检监察员协助综合监督人员开展有关工作。

二、县气象局监督责任落实过程中存在的问题

（一）体制机制上

对于县气象局纪检监察职责履行自上而下都存在体制机制建设上的不足。一是《党章》等法规制度明确了监督要求，但在气象部门配套的监督制度不完善、未跟进，缺乏操作性强的实施细则。在县气象局什么工作需要纪检监察员牵头组织，什么工作仅需纪检监察员配合协调，比较难把握，往往是根据县局长的指示或纪检监察员自身的理解来实施，缺乏可操作的规范性要求。二是同级监督机制不完善，基层纪检监察员工作上要服从同级党组织的安排部署，工作开展需要同级党组织的支持，往往导致纪检监察员对于同级党组织监督弱化，怕大胆工作伤及情面，得罪领导，不敢履职，导致监督责任没有落实到位。三是县气象局纪检监察人员身份待遇问题。2008年河北省气象局党组印发《河北省气象局县（市、区）气象局兼职纪检监察员管理办法（试行）》（冀气发〔2008〕147号），其中规定"各县（市）气象局兼职纪检监察员在聘任期内，按本单位副职级标准享受岗位绩效津贴和奖励，所需经费由所在单位自行解决"，但随着规范津补贴工作深化，该待遇已经规范取消。2016年印发《中共河北省气象局党组关于进一步加强纪检监察工作的通知》，要求"领导班子为一正两副的县（市）气象局，应由一名副局长分管纪检监察工作"，但面临监察体制改革形势及中央对"三转"的要求，存在自己监督自己的嫌疑。有些地方纪委已经指出副局长分管纪检监察工作违反规定，不予认可。

（二）人员配备上

目前，河北省135个县气象局均按照《河北省气象局县（市、区）气象局兼职纪检监察员管理办法（试行）》要求，设置有纪检监察员，但纪检监察员配备形式不统一，主要存在以下四种情况。一是属于基准站、基本站且人员配备充实的县气象局，能够在市气象局党组纪检组的支持下选配专职的纪检监察员，在工作上相对能更好地承担起纪检监察任务。二是成立党组的县气象局，参照《中国共产党党组工作条例》规定，设置纪检组长，承担了纪检监察员的任务，但由于人员力量不足，主要精力放在业务工作上，基本无法正常履行监督职责。三是按照省局文件要求指定一名副局长分管纪检监察工作的县气象局，往往副局长同时分管业务、财务等工作，一方面精力不够，难以有效履职，另一方面，自己监督自己，存在弊

端。四是人员配置不足的县气象局,在市气象局党组纪检组的指导下,由普通工作人员(参公人员或事业人员)兼任纪检监察员,一方面同时兼任其他工作,牵扯大部分精力,无法有效履行监督责任;另一方面,由于职级上的差距,无法有效履行对县局长及班子的监督,客观上由同级监督变成了下对上的监督,难度更大。

(三)履职能力上

一是部分纪检监察员从事该工作多年,具备纪检监察专业知识和一定的工作经验,但由于省、市两级专业培训不足,又未被纳入县纪委培训范围,能力提升不足;二是新任命的纪检监察员,多为80、90后的年轻干部,有积极的进取心和求知欲,但囿于缺乏上岗培训及后续专业培训,对纪检监察员岗位认知不深,对职责认识不清,对工作开展没有头绪;三是纪检监察员队伍流动性大,新老交替衔接不紧密,对纪检监察员能力提升造成影响;四是纪检监察员日常监督缺乏必要手段载体。县气象局人员多的10多人,少则几个人,天天低头不见抬头见,碍于人情面子没办法监督,想监督又不敢监督。

(四)思想认识上

一是县气象局领导班子对纪检监察工作认识不足、重视不够。有的县气象局班子普遍认为,多年来从未收到信访举报线索,地方纪委都不查,查了也认为没问题,咱们自己还监督什么。有的认为监督责任在基层已经有纪委监委在做了,何必多此一举。二是县局职工对监督责任落实认识不到位。有的职工认为监督对象就是领导干部,要监督就监督领导干部,工作人员不需要监督,而且县气象局现在创收锐减,没有必要费时费力搞纪检监督。

三、存在的问题原因分析

(一)体制机制缺乏根本性支撑

从国家层面上,《监察法》未对气象部门等中直单位纪检监察工作进行明确表述,截至目前,国家监察体制改革尚未覆盖到气象局等中直单位,在体制机制建设上尚未出台针对气象局等中直单位的管理办法,监察体制改革成果无法惠及,从根本上仍然按照历史沿革推动纪检监察工作落实,使得包括县气象局在内的气象部门在落实监督责任、行使纪检监察职权等方面缺乏明确的制度性保障。在气象系统内,对新形势下如何开展系统内的纪检监察工作缺乏深入全面的研究,工作缺乏前瞻性和延续性,随着形势变化和新问题不断出现,存在仓促应对修修补补的现象,导致气象系统纪检监察工作缺乏稳固的基础性支撑。

(二)思想认识不到位

基层气象部门领导班子及纪检监察人员对"两个责任"内涵理解不深不透。一方面,对监督责任落实止于字面理解,工作开展浮于形式,认识上缺乏一定的高度、存在一定的误区,导致纪检监察员工作常常出现"越位"的情况。例如有的县局长给纪检监察员安排过多的工作,纪检监察员除负责党建工作和纪检监察工作外,还同时分管财务、业务等工作。有的县局长认为有些工作只有纪检人员参与,才具有合法性和权威性,明确要求纪检监察员参与处理,"三转"在县气象局无法有效落地。另一方面,个别县局班子成员在口头上接受监督,思想和行为上却规避监督,对纪检监察员持"防备"心理,工作联系少、思想交流少、生活交往少,导致纪检监察员出现"边缘化"现象,致使基层气象部门同级监督难以发挥作用。

(三)队伍建设待提升

县气象局纪检监察力量薄弱。县气象局纪检监察员大多是兼职,无论从综合素质能力和精力上与所担负的重任难相适应,造成"小马拉大车"现象。有的纪检监察员业务不通,不能履职,对工作无所用心,心中无数,知识结构单一,执纪能力滞后,协调能力不强,难以适应新的形势任务要求。有的纪检监察员只求平稳,不愿履职,对本职工作漠不关心,"主业、副业"严重倒置,敷衍塞责,不负责任,缺乏工作的主动性、积极性和创造性。

(四)环境因素客观制约

一是制度建设不够健全完善。监督机制、预防制度建立制订数量多、执行效果低、发挥作用小。同时,有的制度设计不符合实际情况,工作的连贯性不强,执行中难度大。二是监督难度日益增大。有些制度制订得很严,但在具体执行过程中存在不理解不配合、难监督难问责的现象,群众监督的参与度也不高,给监督工作带来了难度。三是自律环境没有形成。县气象局党员干部尚未完全形成带头践行廉政规定、接受监督检查的思想自觉,从中国气象局近几年查处通报的几起典型案例可以看出,少数县气象局党员干部面对监督检查,首先想到的不是如何模范遵守,而是如何避开监督不被发现。

四、为解决问题采取的实践探索

(一)探索市级对县级综合监督试点工作概况

按照《中国共产党党内监督条例》"创新自上而下组织监督的体制机制和方式方法,加强上级对下级监督"的要求,选定秦皇岛、衡水、沧州市气象局作为试点。三个试点单位经过 3 个月的摸索实践,于2019 年 3 月底,分别出台了加强县(区)气象局纪检监督工作方案。试点单位结合实际均设置纪检监察室,每室选配 2～4 名纪检监察工作人员,实行"1 托 N"的形式对所辖县气象局进行综合监督。沧州市气象局出台了县(市)局纪检综合监督员管理办法。目前,3 个试点市气象局全面推开试点工作。

(二)试点单位亮点做法及主要成效

1. 亮点做法

沧州市气象局抽调 3 名专职资深科级干部充实市局纪检监察力量,组成 3 个纪检综合监督室,每人负责 5 个县局。同时,建立规范综合监督工作各项管理制度流程,在试点单位上墙。并在试点单位设立专门的办公场所,为专职综合监督人员设置桌牌,进一步方便纪检监察员会后与县局职工之间的沟通交流,加强对被监督单位的全方位了解和监督。衡水市气象局抽调 2 名科级干部组成 2 个纪检监察室,强化对县局综合监督。每人负责 5 个县局,各县局党组(局务)会、"三重一大"事项实行会议报备制度,纪检监察室视情况决定是否列席会议。秦皇岛市气象局结合当地实际,抽调 2 名年轻专职干部组成纪检监察室,2 人互为 AB 岗,一起对 4 个县局进行综合监督。同时采取以下措施:一是制定监督检查清单,明确监督内容和检查方法;二是对查出的问题出具监督检查意见书,列出存在问题及整改时限要求;三是主动提供业务指导,根据存在薄弱环节,邀请办公室、事务中心、纪检党建办业务骨干进行专项培训,确保整改实效。

2. 主要工作

从 3 月开展试点工作以来,3 个试点单位参加县局有关"三重一大"、集中采购等局务会 24 次,参与监督 2 个县局基建项目招投标工作,参加主题党日活动 23 次。重大节点发送提醒短信 6 次。和县(市)气象局主要负责人提醒谈话 18 人次。约谈 7 个县气象局主要负责人及相关责任人 13 人。妥善处理了当地县纪委转来的信访案件 2 起。认真检查全省气象局长会议、市局气象局长会议以及重点工作贯彻落实情况,及时督办;召开加强县(区)局纪检监督工作督导暨业务培训会,夯实县局纪检监督力量。通过督导检查发现了 9 个方面的问题,要求各单位对号入座,建立整改清单,限时整改,确保质量。通过督导检查,进一步提高了各县(市)局对党风廉政建设工作的认识,强化了责任意识。

(三)试点工作取得初步成效

综合监督后,一是有效增强了日常监督的成效。通过专职人员综合监督激发了县气象局日常监督工作活力,通过谈心谈话、听取汇报等手段,对苗头性倾向性问题及时发现提醒纠正,打造了日常监督的新抓手。纪检监督员成为干部职工和领导班子间的桥梁纽带,将矛盾问题分歧化解于萌芽状态,起到了润物细无声的作用。二是加强了县气象局长、班子成员等对"两个责任"落实重要性的认识。通过综合监督,有效扭转了思维上的误区,进一步端正了态度。三是推动了省、市气象部门全年重点工作的落实。通过综合监督督导检查,促进了党建与业务工作的有机融合,推动党建与业务两手抓两不误局面在县气象局的形成。

综合对比分析,设置专职综合监督人员的单位工作效果更加显著。一是人员固定,职责明确,任务到人。二是在县局设置专门办公场所,每月至少1次驻地监督。视实际,每次驻在时间为1～3天。期间,与干部职工沟通思想,强化日常监督,化解矛盾于微小。

五、意见和建议

(一)进一步加强对综合监督工作重要性的认识,加大对组织机构和人员配备的支持力度

调配经验丰富的专职人员,保证充足的时间和精力,强化综合监督人员职业化发展。保证监督人员工作的连续性,打造一支敢担当、能作为的专业纪检监察队伍。

(二)建立学习培训制度,加强对监督人员的培训

通过集中培训,认真学习中央全面从严治党精神和党规党纪,真正学懂弄通,掌握精神实质,提高政治素养。深入钻研纪检监察业务知识,增强专业素养,不断丰富做好纪检监察工作的知识储备,提高综合监督人员综合素质和专业化程度,努力提升纪检工作人员监督执纪能力。

(三)进一步完善市级对县级气象局监督方式,强化监督力度

一要加强会议监督,通过参加县局重要会议,对会前、会中、会后发现的问题,主动向单位负责人沟通提醒。二要加强实地监督,增加深入到县局监督频次,加大与基层职工的交流力度,深入了解实情。三要拓宽信息渠道,及时掌握单位内外对被监督对象在作风建设方面表现的评价,不足之处及时予以提醒监督。

(四)严肃执纪问责,确保县气象局监督工作取得实效

对监督检查中发现的问题的整改落实情况,要定期开展"回头看",指导督办。及时发现整改落实中产生的新情况、新问题,督促被监督单位建章立制、堵塞漏洞、强化执行。对整改工作敷衍应付、不采纳不执行、不按时反馈整改情况的,将严肃追责问责,并通报批评。

加强人才队伍建设 激励干部担当作为

柯怡明　杨志彪　匡如献　许维海　罗坚　吴立霞

（湖北省气象局）

根据中国气象局党组关于"不忘初心、牢记使命"主题教育部署，为更好地做好相关决策支撑，紧扣新时代气象干部和人才队伍建设的突出问题，湖北省气象局认真设定调研专题计划，安排开展了本次调研。

一、调研开展的基本情况

调研坚持问题导向，采取多种方式开展调查研究，力求扩大调查研究的范围和覆盖面，力求听到来自基层的真实"声音"，力求在调研中发现和找准事业发展的突出问题。

一是召开座谈会，先后赴武汉、黄冈和团风、大冶、老河口等市（县）气象局及武汉中心气象台、武汉暴雨研究所等直属单位，召开 10 次干部职工座谈会；二是收集整理相关问题和意见，包括其他四个专题调研组征集到的意见建议，省局前期赴各地的干部专项调研、形式主义官僚主义专题调研时收集到的有关意见建议，以及近年来在执行干部人事人才政策中反映较为集中的问题和意见；三是听取地方领导意见，当面征求了襄阳市委副书记、市长郄英才，副市长张丛玉，老河口市委书记张学林对气象工作的意见和建议。

通过认真梳理、汇总、分析，发现了一些带有普遍性的问题。调研组深入查找了存在问题的原因，提出了初步解决问题的思路与措施。

二、调研反映的一些主要问题

（一）在干部队伍建设和干部担当作为方面

一是担当作为的精神不足。有的领导干部想干事，又怕出事、怕担责，工作标准降低；有的领导干部疲于应付日常事务，创新作为不够；部分干部职工有"干多干少一个样"的思想。

二是攻坚克难的能力不够。部分基层领导对气象工作为地方"三大攻坚战"服务看不到需求点、摸不到结合点、找不到着力点，沿用老办法、老套路开展工作。对涉及深化改革、完善体制机制等重大问题不能做出准确分析和正确判断，缺乏科学决策和抓落实的能力。

三是开拓进取的动力不足。未能有效解除干部"多干多错"的后顾之忧，部分干部对开展复杂工作和解决疑难问题心存顾虑，缺乏主动担当的决心和勇气，担心得不到群众或上级的理解支持，怕追责，导致担当作为的劲头不足、开拓进取的动力不足。

四是部分班子结构不尽合理。年轻干部比例较小，没有形成合理的年龄梯次结构。市（州）局和县级 50 岁以上科级领导干部占比较大，特别是公务员队伍中，市、县科级领导干部年龄偏大。有的基层单位领导班子配备长期不全，专业结构也不合理。

五是优秀年轻干部队伍建设工作力度不够。有的单位缺乏统筹规划和有效措施，在年轻干部的使用上存在用"放大镜"看人的问题，求全责备、论资排辈、平衡照顾。也有的对年轻干部重选拔、轻锻炼，部分年轻干部长期在一个单位甚至一个岗位工作，缺少在关键吃劲岗位的历练，管理能力欠缺，处理急难险重问题的能力不足。

(二)在高层次人才队伍建设方面

一是缺乏创新型领军人才。在关键技术、核心技术的应用与开发方面缺少国内知名的领军人才。缺乏适应新型业务发展的研究型人才队伍。在拓展能源气象、交通气象等服务领域,满足地方经济社会发展对气象服务新需要方面的复合型人才不足。

二是高层次人才带动引领作用发挥得不够。对高层次人才的支持措施不多、针对性不强,导致其日常工作多,缺乏足够的精力开展研究,凝练总结出来的科技创新成果不多。在帮助年轻专业技术人员学习掌握新理论、新方法、新技术上指导不够。

三是为人才成长搭建平台和为人才服务不够。"四唯"现象仍然存在,对县级职称评审条件的尺度把握需进一步改进。科技创新体制机制还不健全,科研与业务"两张皮"的现象依然存在,科研与业务的结合不够紧密,成果转化率不高。对优秀人才业绩和成果宣传不够。

(三)在基层人才队伍建设方面

调研反映,虽然全省各级气象部门人才队伍结构不断优化,但仍然面临队伍总量逐年减少、人才断层等严峻挑战。

一是大部分单位存在缺编现象。全省省、市、县三级气象部门公务员编制、事业编制均存在不同程度的缺编现象。另外,四年内全省预计退休340人,2023年将出现退休高峰。一方面受毕业生招聘程序和专业等条件所限,一定程度上影响了招聘成功率;另一方面基层人少事多,发展空间和平台有限,造成毕业生不愿意来,来了留不住。

二是人才队伍结构有待进一步优化。专业结构方面,截至2018年年底,全省大气科学类人员所占比例为47.3%,比中国气象局规划(2020)水平低8%,各县局专业结构差异较大,综合型业务骨干严重不足。年龄结构方面,队伍呈两头大、中间小的结构,36～45岁年龄段人员仅占全省职工总数的18.4%;人员老化、人才断层问题突出。

三是新进毕业生流失严重。基层工作环境、生活条件、工资待遇与大学生的期望有一定差距,短期内烦琐的日常工作无法体现其自身价值,从而对工作失望,萌生去意,导致人才流失。部分基层领导工作方法简单,对新进大学生关心关怀不够,帮助支持不多;新进毕业生深处异乡,缺乏朋友圈、亲情圈,申请调回户籍地也成为人才流失的主要原因。

四是基层人员少,身份多元,人才发展、管理和使用都不同程度出现障碍。基层尤其是县级人员总量少,在实施基层综合改革后参公人员(国编、地编)、事业人员(国编、地编)、编外人员等多重身份人员并存,造成工资待遇、职务晋升、职称评聘、考核管理等方面的政策不一致,管理困难、交流不畅,容易产生矛盾,形成隐患,思想政治工作难度加大。

三、解决思路和措施

(一)坚持正确选人用人导向,激励干部担当作为

一是加强理想信念教育,提高政治素养。加强干部政治理论教育和党性教育,教育干部坚定理想信念,强化宗旨意识,引导干部树立"功成不必在我"的精神境界和"功成必定有我"的历史担当。

二是加强专业培训和能力培养,提高履职能力。对干部分类分级实施精准培训,着眼于专业对应、层次对应、岗位对应,科学设置培训内容和形式,提供个性化专业能力培训。强化干部能力培养,加强实践锻炼,提升能力;加强上级对下级的指导,增强指导的针对性和具体性;加强干部轮岗交流,提高对复杂问题的应对处理能力。

三是树立鲜明的选人用人导向,激发内生动力。坚持党管干部原则。严格落实党的干部路线和方针政策,在每个程序、每个步骤都充分体现党组的主导地位和领导把关作用;定期进行综合分析研判,不定期进行专题研究。突出政治标准,注重从履行岗位职责、完成急难险重任务中考察干部,优先提拔使用忠诚、担当的干部。坚持依事择人、人岗相适,大力倡导实干创实绩、有才有位的选人用人导向。

四是细化容错纠错具体措施,为担当者担当。落实好"三个区分开来",明确容错纠错界限,建立组织人事、纪检监察、审计等多个部门联动的容错纠错协调机制,为有担当肯作为的干部打消思想顾虑,减轻心理压力。同时在干部出现失误时及时指正,帮助挽回损失,引导干部总结经验教训,不断提高能力。建立容错纠错干部和受处分干部关心帮扶制度,做好执纪问责之后的文章,为其提供改正的机会,让干部放下包袱,变"有错"为"有为";犯错同志做出改正后,要如实做出中肯评价。

五是坚持严管厚爱结合,真诚关心关爱干部。强化干部管理监督,注重抓早抓小,对苗头性、倾向性的问题及时提醒、督促整改。推进干部能上能下,通过年度考核、巡查、审计、信访调查等多种渠道,全面掌握干部情况。强化正向激励,教育引导广大干部担当履职、主动作为。关心关爱干部,落实"三必访五必谈",完善谈心谈话制度。关注干部职工身心健康,定期组织活动;认真落实休假制度,落实援派、挂职和易地交流等干部待遇,统筹用好职务职级职数;增强干部荣誉感、归属感、获得感。

六是加强年轻干部队伍建设,选优配强各级领导班子。积极发现和培养选拔优秀年轻干部。统筹优秀年轻干部的"选、育、管、用",逐人分析干部的阅历、特点,有计划、有针对性地按照"缺什么、补什么"的原则,加大对年轻干部的培养力度。加强年轻干部使用,对在一线工作表现突出、成绩优秀、群众评价好的年轻干部及时使用。统筹考虑年轻干部培养与各级领导班子建设,坚持事业为上、依事择人、人岗相适。要注重从各个方面选拔人才,优化领导班子和干部队伍知识结构、能力结构、专业结构,增强班子战斗力。

(二)健全制度搭建平台,激发人才创新活力

一是用好、培养好现有人才,做好高层次人才培养工作。积极推荐各类人才参加党校学习,选派优秀人才参加国(境)外学习培训,到中国气象局访问交流,积极推荐优秀人才进入中国气象局创新团队;把部门人才队伍建设纳入地方人才培养工程和计划;与南京信息工程大学、中国地质大学等高校合作,建立人才联合培养机制;努力培养造就一批重点业务领域领军人才和创新人才,建设结构合理、梯次配备、有效衔接的高层次科技创新人才梯队。

二是完善考核评价机制,充分发挥科技领军人才作用。坚持需求牵引,进一步加强重点领域创新团队建设,完善团队工作机制和管理办法,切实发挥高级专家的引领作用。完善高级专家开展教育培训和服务基层制度,引导他们到中国气象局干部培训学院湖北分院开办培训课程、到基层进行业务服务技术指导,发挥他们的带动作用。改进完善人才考核评价机制,克服唯论文、唯职称、唯学历、唯奖项倾向,树立重品德、重业绩、重能力的导向。

三是落实人才政策,优化环境强化服务。贯彻落实好关于人才发展的一系列新精神新要求,更多地为人才办实事做好事解难事,努力营造识才、爱才、敬才、用才的良好氛围。建立完善领导干部直接联系专家制度,加强沟通,听取意见,帮助解决后顾之忧。大力宣传优秀人才、模范人才集体先进事迹,激发广大气象科技人员的家国情怀、奋斗精神和创新活力。

(三)落实强基举措,夯实事业发展的人才基础

一是优化招聘工作,拓宽进人渠道。加大公务员招录、调任和事业单位招聘力度。完善公开招聘制度,改进招聘方式。合理设置招录专业和条件,适应各类岗位对不同专业人才的多元化需求;根据县局实际,适当放宽专业限制,考虑本地生源,缓解进人难的问题。加强与南京信息工程大学、中国地质大学等高校合作,加强毕业生就业引导。加强与本地高校和人才交流中心的联系,多渠道引进人才。发挥用人单位的主动性,在引进人才上提前介入。

二是落实政策待遇，稳定基层人才队伍。全力落实待遇，加大力度落实双重计划财务体制，努力争取将地方奖励性补贴等各项待遇落实到位。多组织开展活动，为大学生创造展示才能、锻炼自我的平台和机会，让他们找到价值感、存在感和满足感。加强关心关怀，单位领导要多与年轻人交心谈心，关心其思想、工作和生活状态，指导他们做好职业规划，为他们提供便利的生活条件，帮助解决婚姻、家庭、生活等实际困难，使之能安心工作。

三是建立健全制度，加强基层人才培养和使用。压实责任，把人才培养纳入各级领导班子尤其是主要负责人的目标考核和任期考核，形成在使用中培养、培养中使用的良性机制。发挥高层次人才带动引领作用，以省、市高级工程师为主建立专家库，对基层年轻人进行一对一的专业技术指导。加大培养力度，引导鼓励专业技术人员立足岗位，多做贡献，多出成果。充分考虑基层的工作特点和工作性质，在职称评审中进一步向基层倾斜。

四是深入研究政策，打破人才壁垒。深入研究参公人员与事业身份人员、国家编制与地方编制人员等统筹管理的相关政策，破除不同身份人员管理的制度壁垒，完善部门内人员交流机制，拓宽基层人才成长空间，适应新时代气象事业的发展需要。

广东省气象局党建与业务融合发展调研报告

刘作挺　陈拥君　蒋国华　张春霞　丘智炜

(广东省气象局)

广东省气象部门现有党员总数 1930 名,其中,在职党员 1291 名,退休党员 639 名。省局党组、局机关党委各 1 个,省局有 34 个党支部、1 个党总支、16 个党小组;市级气象部门共有 21 个党组、3 个机关党委、12 个党总支、75 个党支部、51 个党小组;县级气象部门共有 72 个党组、82 个党支部。为落实新时代党的建设总要求,促进党建与业务融合发展,2019 年 7 月,我们先后在省局召开支部书记座谈会、群团代表座谈会,发放调查问卷 385 份,到直属单位和机关共 24 个支部现场调研,对 19 个市气象局进行书面调研,到 11 个县(市)气象局现场调研。

一、部门党建与业务融合情况

2018 年以来,省局党组全面落实新时代党的建设总要求,突出"两个责任"落实,扎实推进全面从严治党向纵深发展,有力带动广东气象改革发展各项工作任务的完成,取得了良好成效。2018 年,广东省气象部门做好台风"山竹"等重大气象灾害监测预报预警工作,全省因灾及衍生次生灾害造成的死亡人数和经济损失分别较过去 5 年平均下降 60%、19%;公众对气象工作的满意度位居 40 个政府公共服务部门的第三名。2018 年年底,上川岛气象站站长杨万基同志被评为"中国好人";在省直工委 2018 年度落实党建工作责任情况考核中,广东省气象局居优秀行列;2019 年,省局直属机关党委办公室党支部、气候中心党支部杜尧东同志、气象防灾技术服务中心党支部徐海秋同志,分别荣获广东省直机关"先进基层党组织""优秀共产党员""优秀党务工作者"光荣称号。

(一)把党的政治建设摆在首位

一是坚持以党的政治建设为统领。省局党组不折不扣地学习贯彻习近平总书记重要讲话、重要指示批示精神,认真落实党中央重大决策部署,全力做好综合防灾减灾、生态文明建设、军民融合发展、乡村振兴、粤港澳大湾区建设等气象保障工作。二是压实管党治党责任。建立健全了党组、党组书记和成员、机关党委、机关党委书记、党支部、党支部书记 7 级清单管理机制,实现了"千斤重担众人挑、人人肩上有指标"。强化党建与业务同谋划、同部署、同落实、同考核"四同步"机制,将全面从严治党责任落实情况列入党员领导干部述职和评议内容。

(二)加强思想建设和理论武装

一是加强学习培训。2018 年省局党组共组织召开了 36 次党组会、13 次党组理论中心组学习会、8 次党委会、6 次专题报告会,学习贯彻习近平新时代中国特色社会主义思想。利用党建微信平台推送党建信息 272 条,党建网推送 1260 条。举办近 800 人次参与的党建培训班,购买书籍 3000 余册,组织参加网络答题活动,组织直属机关党务干部赴焦裕禄干部学院开展党性锤炼等。二是用理论武装头脑指导工作实践。在推动防雷减灾体制改革过程中,注意把握中国气象局党组和省委省政府决策部署,坚持抓好防雷安全事中事后监管,积极引导下属单位主动参与市场竞争,努力争取各级财政支持,取得了良好效果。

(三)加强党的组织建设

一是坚持强化基层党组织建设。加强对党支部执行"三会一课"、谈心谈话等组织生活的督导。2018年,首次对直属机关24个党支部年度落实抓党建工作责任进行评议。开展"一支部一品牌"创建活动,"旧事新歌""时代芳华"等10个党课党建工作品牌初步成型。广州热带所党支部成功创建广东省直属机关服务创新驱动发展战略"共产党员先锋岗"。二是坚持加强干部人才队伍建设。省局党组通过多项举措,统筹抓好干部的选拔、使用和监督,同时推行"马首计划""英才计划""头羊计划",培育不同层级的业务科技人才,打造了一支在全国气象部门中较有影响的人才队伍。如2018年获得全国科技进步二等奖的课题组中广东省科技人员占了4名。

(四)坚持抓好作风建设工作

一是严格落实中央八项规定及实施细则精神。组织开展贯彻落实中央八项规定精神专项督查,2018年派出22个督查组对省局各直属单位、市县(区)气象局进行督查,督查情况汇总后及时向中国气象局报告、在全省气象部门进行通报。二是持续改进作风。组织开展形式主义、官僚主义新表现自查自纠。开展脱贫攻坚专项监督检查和扶贫领域人情送礼有关问题自查。推进"深调研"工作开展,开展主题教育调研活动。

(五)认真落实"两个责任"

一是强化监督整改。对中国气象局党组巡视反馈的7大类17项共52个问题,全面彻底进行了整改;同时对全省76个县级气象部门开展了全覆盖巡察,2019年对全省气象部门五年内的巡察工作进行了规划,适时开展常规巡察和巡察"回头看"。2018年共完成审计项目232个,审计金额20.54亿元,实现增收节支2489.5万元。二是坚持从严监督执纪问责。2018年任前廉政谈话71人次,提醒谈话61人次,诫勉谈话5人次,对4个市局党组进行函询;对1名处级干部给予党内严重警告处分;对1名处级干部给予行政警告处分;对1名巡察发现违纪问题的县局局长,交由市局核查后免去其党组书记、局长职务,并给予党内严重警告处分,调离岗位。2018年印发部门通报2起,对违规违纪党员干部点名道姓、公开通报,用"身边人身边事"开展警示教育。

二、存在的主要问题

(一)在政治建设方面

一是与"建设模范机关"的新要求还有差距。强化党建引领的意识不够,落实党中央重大决策部署和中国气象局党组、省委省政府工作安排,结合事业长远发展整体谋划,抢抓机遇、早出成效的敏锐性和紧迫感不强。二是党内政治生活还不够规范。党组成员之间开展批评与自我批评还不够经常、谈心交心质量还不够高,对影响事业发展的重大事项共同分析研究不够深入和及时,沟通交流不够。三是党组对下的指导和考核检查还不到位。党组成员下基层指导党建工作相对较少;党建考核并未与年终绩效挂钩,基层单位中不少党员,甚至是部分处级党员领导干部在思想上认为业务科研服务是"硬指标"、党建只是"软任务";有的甚至以业务、科研干部自居,认为党建不是自己的分内活。

(二)在思想建设方面

一是自觉用理论指导实践不够。省局党组在围绕广东经济社会发展如何履行气象部门职责时,主动向省委、省政府汇报较少,与相关部门沟通衔接不够紧密,有的时候还有一些无从下手的感觉,如推进"平安海洋"项目落实还不够到位。二是组织基层学习教育成效欠佳。组织学习方式单一、内容泛化,针对性、实效性不强,在如何结合自己支部实际,通过党建理论学习,进而促进业务发展方面想法不多,缺乏积极性、主动性和创造性。少数党员的党员学习意识弱化,调查问卷中有69人偶尔看看或者听从组织安排被动学,有4人从不关注或只了解一点点。

(三)在组织建设方面

一是处级干部人才队伍建设统筹规划和从严监督管理不够。年龄结构不合理,处级干部中50岁以上的占36.7%;部分领导班子不健全,有12个处级单位和34个县局领导班子未配齐;缺乏长远、有针对性的后备干部队伍培养计划。对干部监督管理不够严格,未能充分运用监督执纪"四种形态",开展批评和提醒谈话不够,2019年机关纪委谈话提醒仅有4次记录。二是对基层党组织建设指导不够。有的支部"三会一课"不规范,专题研究党建工作少,主动思考党建与业务融合发展更少;个别支部年度计划不细,未压实相关责任;个别支部存在党建工作台账不完整、会议记录不规范的问题;有的支部组织生活开展批评和自我批评缺少"辣味",甚至没有相互批评。调查问卷中有15人对所在单位在职党员的总体看法是不清楚,10人觉得党员和群众差不多;4人认为所在党组织从来没有参与业务工作研究部署,2人认为从来没有党日活动,1人认为没有开展过党员民主评议。

(四)在正风肃纪方面

一是落实中央八项规定精神仍有不足。基层存在违规公款购物,公务用车、公务接待仍然存在不规范的现象,公务接待结算报销未严格执行规定。二是工作中仍存在形式主义和官僚主义。一些党员干部甚至是处级干部不愿担当不敢担当,对上对下两幅脸孔,工作上宁做"二传手",不愿去下真功夫一抓到底;开展调查研究还存在流于形式、研究不深入、针对性不强的问题。三是"两个责任"落实上仍有不足。压力传导在一定程度上"逐级递减",部门"四资一项"管理存在风险隐患,"三重一大"决策存在漏洞。对基层缺乏有效监督和执纪问责,主动发现和处理问题能力不足,部分纪检干部坚持原则和严格问责做得不够。

三、部门党建与业务融合发展的对策思考

(一)坚持以政治建设为统领

发挥党的政治建设"火车头"作用,结合"建设模范机关",引导部门每名党员领导干部树立党员身份意识,明确以抓好本单位党建工作作为第一责任。要严格党内政治生活,做好民主集中,班子成员要经常沟通交流,共同研究商量事关全局的大事要事,充分发挥好党组的领导核心作用;加强对下指导,坚持党建工作与业务工作同谋划、同部署、同推进、同考核,探索建立党建考核与年终绩效挂钩制度。

(二)继续强化思想理论武装

扎实开展"不忘初心、牢记使命"主题教育,提高政治站位,自觉运用习近平新时代中国特色社会主义思想指导实践。强化责任担当,努力破解事业改革发展难题,解决体制机制上的障碍,推动广东省气象事业高质量发展。加强理论学习教育培训,提高学习针对性、实效性,对基层党组织的学习要做到早提醒、勤监督,引导各基层组织把规定动作和自选动作结合好,真正实现党建理论武装头脑,促进各项重点工作。

(三)继续加强组织建设

认真落实干部人事政策要求,严格按要求开展干部选拔任用工作;统筹谋划改善领导干部队伍结构,注重优秀年轻干部的培养。要完善人才工作机制,激发人才队伍活力。用好监督执纪"四种形态"特

别是第一种形态,做到抓早抓小。加强基层党组织规范化、标准化建设,指导基层党建工作,引导在基层支部工作平台创立党员先锋模范岗,继续树立全省气象部门的先进典型,凝聚正能量。

(四)持续正风肃纪

持续推动落实中央八项规定精神及实施细则,对发现问题立行立改,及时开展跟踪检查,进一步加强公务用车、公务接待等规范化管理。力戒形式主义、官僚主义,坚持问题导向,注重实效,教育、管理和激励干部敢于担当,善于担当。深入基层开展调查研究,提高针对性和实效性,强化调研成果应用。建立健全全面从严治党向基层延伸的责任体系,督促职能处室加强分管职责范围内的工作监督;规范资金管理,严格执行资产使用、处置管理的相关规定,加强对资本运作与资源分配的监督管理。认真履行纪检监督职责,规范做好问题线索处置,强化跟踪检查,对违纪违规人员严格执纪问责。

关于重庆气象部门行政审批和行政执法信息化工作主要问题的调研报告

李良福　青吉铭　冯萍　覃彬全

（重庆市气象局）

根据重庆市气象局党组"不忘初心、牢记使命"主体教育活动开展调研活动的安排部署,2019年7月8—24日,"重庆气象部门行政审批和行政执法信息化工作主要问题"调研组赴市局行政服务中心、重庆市莱霆防雷技术有限责任公司、市防雷中心、巴南区气象局、云阳县气象局、云阳县天然气有限责任公司、中国石油重庆销售公司等7个单位开展调研,听取基层单位、管理相对人的意见和建议,并对收集到的意见建议进行了汇总分析,提出了工作整改意见。

一、调研工作情况

根据调研安排,重庆市气象局迅速成立了由李良福副局长任组长、法规处和市气象安全技术中心负责人及相关人员参加的调研组。调研组结合调研内容和预期目标,坚持以问题为导向,确定了调研线路,制定了调研提纲。

在调研对象上,选取了市局行政服务大厅、重庆市莱霆防雷技术有限责任公司、巴南区气象局、中国石油重庆销售公司等7家单位,涵盖了基层管理单位、技术支撑机构和管理相对人,具有一定的代表性;在调研方法上,以听取介绍和面对面座谈相结合,直接与一线干部职工和一线业务人员互动交流,共举行了7场座谈会,获取了第一手的信息资料。

调研工作中,调研组坚持务实作风,轻车简从,调研座谈开门见山、直奔主题、不穿靴戴帽,被调研单位高度重视,参与座谈人员结合实际,畅所欲言,保证了调研的成效。

二、气象行政审批和行政执法信息化工作基本情况

(一)关于气象行政审批工作情况

一是取消、下放审批事项有效衔接。自2014年以来,按照国家行政审批制度改革要求,重庆市先后取消气象行政许可事项4项、非许可审批事项7项,承接下放许可事项2项。目前,重庆市气象部门实施的行政许可事项共6项,其中,防雷相关审批事项办理的占比较大。以市局为例,2018年1月—2019年6月,共办理行政许可事项133件,其中,防雷装置检测单位资质认定10件,占7.5%;防雷装置设计审核83件,占62.4%;防雷装置竣工验收36件,占27.1%;新建、扩建、改建建设工程避免危害气象探测环境审批4件,占3%。

二是深化审批流程再造。根据市政府关于建设工程审批制度改革要求,对标改革确立的立项用地规划许可、工程建设许可、施工许可、竣工验收4个阶段,将气象部门职责范围内的相关审批服务事项融入统一审批流程。按照"减、放、并、转、调、诺"的要求,转变"避免危害气象探测环境审批"事项管理方式为部门间征求意见;重建职责范围内防雷装置设计审核和竣工验收流程、优化申请表单、压缩审批时限50%以上。

三是深入推进"互联网＋政务服务"。目前,依托重庆市网上办事大厅和中国气象局行政审批平台,重庆市 6 项气象行政许可事项全部纳入网上审批系统,实现了许可事项的网上受理、承办、批准和告知。并大力推行了信息公开、扫码办事、邮寄送达等便民服务措施,极大优化了营商环境,提升了群众获得感。

四是建立了服务标准体系。实现了事项管理、流程管理、服务模式、检查评价标准化,建立了许可事项管理规范、流程管理规范、服务规范、网上服务规范、许可办理规范、场所建设和管理规范和监督检查评价规范等 7 大体系的服务标准。

(二)关于气象行政执法监管工作情况

目前,重庆市气象行政执法监管主要集中在防雷安全管理方面。2018 年 1 月—2019 年 6 月,全市共开展防雷安全执法检查 3046 次,责令整改 522 件,行政处罚 268 件。

在执法监管中,坚持"放管结合",在放宽市场准入的同时,完善"严管"机制,确立了 3109 家防雷安全重点监管对象,梳理了执法监督检查事项清单,建立了"两随机、一公开"和年度安全执法监督检查计划等,配备了统一的执法设备,开展了行政执法公示、行政执法全过程记录、重大执法决定法制审核等工作,进一步加强了事中事后监管。同时,市局积极探索"互联网＋监管",搭建了部门内部的安全生产管理信息平台,完善了国家政务服务平台中行政权力和政务服务相关信息数据,并大力推进重庆市防雷安全管理平台建设。

三、存在的问题

在调研过程中,被调研单位普遍认为,重庆市气象部门认真落实国家"放管服"改革要求,及时精减许可事项和条件、优化审批流程,转变管理方式,强化事中事后监管,"放"的效果持续显现,"管"的制度不断健全,"服"的体系逐步完善。但是,当前的气象行政审批和行政执法工作与加快政府职能转变的要求、与经济社会的发展形势、与人民群众的期待相比,仍然存在着一些问题。

(一)部分许可事项存在"一事项多平台办理"的情况

现阶段行政许可事项网上办理的平台主要有重庆市网上办事大厅和中国气象局行政审批平台,由于两个平台需要同步使用,但相互之间尚未实现互联互通,相对人在申请办理相关事项时根据要求需要分别登录、分别提交资料,在一定程度上增加了相对人和基层工作人员的负担。

(二)防雷检测市场亟待进一步规范

自 2016 年年底全面放开防雷装置检测市场以来,据不完全统计,现在重庆市开展防雷装置检测的单位共有 71 家,其中,本地检测资质单位 34 家,外地入渝检测资质单位 37 家。在调研中,大部分被调研单位反映,现阶段防雷装置检测市场上存在着检测资质单位良莠不齐、检测行为不规范、检测价格混乱等现象。而从近 1 年市局执法监督检查情况来看,检测资质单位在检测过程中使用不符合要求的检测人员、出具虚假检测报告等行为高发、频发。因此,亟须加强防雷检测单位诚信体系建设。

(三)防雷安全重点单位管理和服务的精细化程度不高

在防雷安全重点单位的监督管理领域,虽然已经出台了一些制度和标准,分类制定了防雷装置安全检测报告模板,但调研显示,在管理和服务措施上,距离管理相对人精细化的指导需求仍有差距。一是防雷管理要求散见于各类标准、规范之中,不够集中,对于非防雷专业人员来说,全面了解掌握较为困难;二是检查标准不够精细,与行业特点、行业需求的结合度不高,针对性、指导性较弱。

(四)行政执法力度仍然偏软、偏弱,信息化程度不高

一是执法人员素质和能力有待进一步提高。重庆市97％以上的执法人员均为兼职,随着气象社会管理职能的进一步加强,特别是安全监管形势的日益严峻以及气象服务、防雷检测等服务领域的市场化,现有的执法力量与执法任务难以匹配。且执法人员的法律素养、实践历练和经验不足,对执法程序、法律适用、文书制作等尚有不逮,也制约着行政执法的开展和效率的提高。二是执法监管手段单一。目前的防雷监管以行政检查、行政处罚为主,信用监管尚未全面展开。三是监管信息化程度不高。执法信息的互联互通共享,执法数据资源的有效整合需要进一步加强。

(五)防雷管理的政策解读和宣传工作尚需强化

自2016年国务院优化建设工程防雷许可后,防雷管理的体制机制发生了较大变化,一系列防雷管理的政策、制度出台,但不少社会公众,甚至管理相对人对此了解不深,仍然存在误区、盲区。

四、整改措施及建议

(一)尽快实现网审平台互联互通,提升行政效能

鉴于目前地方和中国气象局气象行政审批平台未互联互通、提交材料和审批流程不相同等客观实际,近期继续以通过"重庆市网审平台"办理气象行政许可事项为主,气象部门自主代行政相对人上"中国气象局网审平台"填报相关信息的方式,守住"不增加行政相对人负担"底线;按照服务便民化、推进"互联网＋政务服务"和政务信息系统整合共享等工作的要求,加快推进气象部门网上行政审批平台与国家政务共享网站的对接与数据同步,实现行政审批"唯一平台"办理。

(二)进一步规范防雷检测市场

建立规范、有序的防雷检测市场,是气象部门履行管理职能职责的应有之意,也是构建防雷安全体系的重要内容之一。加快出台《重庆市防雷检测单位信用信息管理办法》,进一步完善以"双随机一公开"为基本手段、以重点监管补充、以信用监管为基础的新型监管机制,充分运用信用管理、质量考核、执法检查、行业自律等多种手段,加强对防雷检测单位的监管,打造防雷检测单位诚信体系,防范"劣币驱良币"效应。

(三)加强对防雷安全重点单位的精细化指导和培训

结合不同行业特点、了解不同行业需求,抓紧推进监管对象的精细化分类,编制分类的防雷安全管理指导性规范,做到分类施策。以涉及单位最多的石化行业为突破口,建立完善涉及制度规范、应急预案、日常检查流程和图表、行政检查内容和标准等,明确监管内容,统一工作要求,加强对工程性和非工程型防御措施的指导和培训,帮助监管对象弄清楚到底做什么、怎么做。

(四)规范执法行为

以创新执法人员培训为抓手,通过案例教学、案卷评查等方式,汇编典型气象执法案例集锦,结合实际工作中的具体案例进行分析、指导,增强执法实践能力。以规范执法程序、文书为抓手,进一步明确气象行政执法程序,统一气象执法文书,提高执法效能。以行政执法"三项制度"为抓手,聚焦行政执法的源头、过程、结果等关键环节,及时向社会公开气象行政执法基本信息、结果信息,做到执法全过程留痕和可回溯管理,严格进行法制审核,提高执法效能。以信息化建设为抓手,加快推进重庆市防雷安全管理平台建设,逐步构建操作信息化、文书数据化、过程痕迹化、责任明晰化、监督严密化、分析可量化的行

政执法信息化体系，做到执法信息网上录入、执法程序网上流转、执法活动网上监督、执法决定实时推送、执法信息统一公示、执法信息网上查询，实现对执法活动的即时性、过程性、系统性管理。

（五）加强部门联动，形成联合监管机制

进一步强化防雷安全联席会议，就新形势下如何协同做好防雷安全监管加强部门间的沟通交流，形成长效机制，探索联合执法，构建起多元监管体系。

（六）加强防雷审批、监管政策和雷电防护技术等宣传

以《重庆市防御雷电灾害管理办法》修订出台为契机，采取《重庆日报》登载、编制宣贯要点、组织宣贯讲座、印制规章单行本等形式，广泛、深入开展政策宣讲，强化主体责任，提高各类主体依法依规防御雷电灾害、抵御雷电风险的意识和能力。

深化气象行政审批改革新情况新问题调研报告

尹晓毅　　朱天禄　　孟庆凯

（云南省气象局）

为推进"放管服"改革，加快云南气象行政审批改革和审批工作规范化，实现"一网通办"，云南省气象局深入大理、保山等州（市）及其部分县（市、区）气象局及气象行政审批窗口调查研究，并加强与省级相关部门的沟通协调，查找工作短板，努力破解深化气象行政审批改革面临的新情况新问题。

一、深化气象行政审批改革面临的新情况新问题

目前云南省气象行政审批改革主要涉及政务服务一网通办、工程建设项目审批流程再造、工程建设项目联合审图与联合验收、压缩审批时限等。这些问题不论是对审批框架、流程、效率，还是对审批人员素质和气象部门监管能力，都提出了更高要求。通过此次调研，基本摸清了深化气象行政审批改革中以下 6 类新情况新问题。

（一）政务服务一网通办

气象部门行政审批系统与地方行政审批系统的融合。目前气象行政审批面临着"审批事项不同源，线上线下两张皮"的问题，即一个审批事项必须在地方政府和气象部门行政审批系统中审批两次，不符合政务服务一网通办的要求，不仅不能方便办事群众，反而加大了审批工作量，降低了审批效率。解决这些问题，需要推进部门气象行政审批系统与地方行政审批系统的数据信息共享、数据标准统一、数据接口对接等工作。

统一气象行政审批目录，审批信息要素规范化。这是信息系统数据交换的前提，是政务服务一网通办的基础。目前很多气象行政审批人员对所属审批事项理解不到位，与当地政务管理部门沟通不畅，在认领省级审批目录后，无力完善本级实施清单要素信息。

政务服务一网通办对审批人员的高要求。气象行政审批在线下办理时，审批人员可以随时对行政审批材料、流程、环节进行掌控、修正。实行政务服务一网通办后，一个行政审批环节出错，无正当理由无法退回重办，这对审批人员的要求更高。

（二）审批时限大幅压缩

审批时限要求。"雷电防护装置设计审核"和"新建、改建、扩建建设工程避免危害气象探测环境审批"审批时限分别从原来的 20 个工作日和 40 个工作日均压缩为 13 个工作日；"雷电防护装置竣工验收"审批时限仍为 10 个工作日。

中介服务或现场踏勘时间压缩。原审批流程中"雷电防护装置设计审核和竣工验收""新建、改建、扩建建设工程避免危害气象探测环境审批"中介服务或现场踏勘时间均不包括在行政审批时限内，现全部压缩。在压缩后的审批时限内，要完成中介服务招投标、委托、提供服务、出具报告和现场踏勘等，工作难度很大。

（三）工程建设项目分阶段并联审批

工程建设项目行政审批制度改革将审批流程分为立项用地规划许可、工程建设项目许可、施工许

可、竣工验收四个阶段,各阶段行政审批并联开展。气象部门有"新建、改建、扩建建设工程避免危害气象探测环境审批"和"雷电防护装置设计审核和竣工验收"2项纳入并联审批,按规定,2项必须在所属阶段完成审批。由于部分申请人不了解,常有上述2项漏审情况。工程建设项目实施分阶段并联审批后,如某阶段流程结束,即视为本阶段行政审批报批任务完成,如有漏审则是审批部门未履行监管责任,客观上加重了气象部门审批责任。

(四)工程建设项目联合审图、联合验收

工程建设项目行政审批制度改革将若干部门分别负责的审图集中统一,也将若干部门分头负责的工程质量验收统一进行。按照要求,"防雷装置设计技术评价"应当并入联合审图,"新建、改建、扩建建(构)筑物防雷装置检测"应当并入联合验收。目前存在的主要问题是各审批部门涉及的审图、工程质量检测中介服务主要集中在相关行政审批受理之前,由建设单位委托中介机构完成。"防雷装置设计技术评价""新建、改建、扩建建(构)筑物防雷装置检测"由审批部门在审批受理后委托中介机构开展技术服务,也就是说其他部门相关的审图和工程质量检测在其归属的行政审批之前完成,而"雷电防护装置设计审核和竣工验收"中介服务在审批受理之后才开始,两者时序不同步。

(五)工程建设项目审批制度改革导致气象行政审批工作量增加

在防雷减灾体制改革后,气象部门行政审批减少到之前的20％左右,相当部分州(市)和县(市、区)气象局在各级政务服务中心的办事窗口已经从独立窗口变为综合或定时窗口。随着行政审批改革的推进,在并联审批过程中,就涉及对所有工程建设项目进行甄别,确认其是否需要办理"新建、改建、扩建建设工程避免危害气象探测环境审批"和"雷电防护装置设计审核和竣工验收"审批,工作量甚至比改革前更大,不仅要求审批人员熟练地掌握易燃易爆建设工程、场所和雷电易发区的景区、矿区分类,还要求掌握各级气象台站探测环境的保护范围。这样对气象行政审批人员的配备和能力素质提出了更高的要求。

(六)气象行政审批中介服务经费保障问题

气象行政审批中介服务经费保障问题主要涉及"防雷装置设计技术评价""新建、改建、扩建建(构)筑物防雷装置检测"。在防雷减灾体制改革之后,云南省各级政府基本未能落实这2项气象行政审批中介服务经费,各地气象部门主要由本单位所辖气象灾害防御技术中心无偿提供技术服务。由于这2项中介服务即将纳入联合审图、联合验收,很可能会出现负责联合审图、联合验收工作的不是气象部门下属机构。这样就面临气象部门要委托非下属机构提供这2项气象行政审批中介服务,不可能要求其无偿提供服务。在政府财政不能保障的情况下,气象部门是否有足够经费委托其他中介机构提供服务,这是迫在眉睫的问题。

二、对策措施

(一)强化省级压力,激发基层活力,细化规定动作

"政务服务一网通办"要实现地方审批系统和气象部门审批系统的深度融合,目前各级气象部门正在进行的气象行政审批事项统一、信息要素规范化就是系统融合的基础性工作。省局根据各级气象部门权责清单,由省级统一编制完善省、州(市)和县(市、区)政务服务事项清单及相关信息要素,完成了《云南省工程项目建设气象审批服务事项目录清单》《气象系统政务服务事项通用目录清单》《云南省气象局监管事项目录清单》等梳理和配套信息表的编制,并纳入云南省政务服务系统,统一与省级政务管理局、住建等部门对接。通过这种方式,基层可更深入地学习掌握政务服务各项业务知识,更好地推动

工作的顺利开展。

(二)提前介入,减少申报材料,调整审批时序

新建、改建、扩建建设工程避免危害气象探测环境审批。针对该项行政审批时限压缩的问题,采取3个方法解决。一是提前介入。督促各县(市、区)气象部门按照云南省政府关于"将气象管理机构纳入各地规划委员会成员单位"的规定,及时加入当地规划委员会,以此及时了解气象台站气象探测环境保护范围内新建、改建、扩建建设工程情况,报告州(市)气象部门提前介入,完成现场踏勘工作。二是精简申报材料。将工程概况和规划总平面图从"新建、改建、扩建建设工程避免危害气象探测环境审批"申报材料中精简,避免了《建设工程规划许可证》成为本审批的前置审批,节约了审批时间,满足了审批时限要求。三是调整审批时序。与省住建厅协商,将"新建、改建、扩建建设工程避免危害气象探测环境审批"从施工许可阶段调整到工程建设项目许可阶段,审批时序提前,避免了建设单位已经投入大量建设成本后,在施工前建设工程被气象部门否决的问题。

雷电防护装置设计审核和竣工验收。将"防雷装置设计技术评价"和"新建、改建、扩建建(构)筑物防雷装置检测"中介服务从受理后的技术服务转为在受理之前开展,但仍由气象部门委托中介机构提供服务并付费。这样一来,在规定审批时限内,减去了耗时最长的中介服务时间。

(三)全面甄别工程建设项目信息,避免漏审情况发生

作为工程建设项目行政审批立项用地规划许可、工程建设项目许可的牵头部门,省自然资源厅原本仅将工程建设项目信息发送给各必备项目审批部门,而由建设单位自行确定是否应当将建设工程报送各非必备项目审批部门。由于部分建设单位不了解建设工程对气象探测环境的影响,以及建设工程是否属于易燃易爆建设工程场所和雷电易发区的景区、矿区,未向气象部门提出审批申请,从而导致漏审。省气象局经与省住建厅、自然资源厅等部门沟通,将"工程建设项目地点信息"和"建设工程是否属于易燃易爆建设工程场所和雷电易发区的景区、矿区"2项信息增添到《云南省工程建设项目建设许可阶段申请表》,对应"避免危害气象探测环境审批"和"雷电防护装置设计审核和竣工验收",解决了漏审的老大难问题。

(四)相关中介服务纳入工程建设项目联合审图、联合验收

由于各审批部门涉及审图和工程质量检测的中介服务主要发生在相关行政审批受理之前,因此雷电防护装置设计审核和竣工验收涉及的2项只能向多数中介服务时间段靠拢,从受理后开展变更为受理前委托中介机构开展。目前云南省工程建设项目行政审批改革还在完善行政审批目录、各信息要素环节,尚未进展到制定联合审图、联合验收相关制度和流程阶段。省气象局将随时跟踪省住建厅、自然资源厅等牵头部门工作进度,及时完善雷电防护装置设计审核和竣工验收相关中介服务纳入工程建设项目联合审图、联合验收工作。

(五)加强气象行政审批人员配备,提高能力素质

目前云南不少市(州)和县(市、区)气象局在政务服务中心已由独立窗口改变为综合或定时窗口。当前,可根据气象行政审批业务的需要配备人员,必要时将综合窗口或定时窗口提升为独立窗口,并抽调精干人员参与气象行政审批工作。要做好培训,提升窗口人员业务素质。要根据气象探测环境保护范围和规定开发相应判识工具,提高甄别能力和效率。另外,要细化"雷电防护装置设计审核和竣工验收"审批范围。

(六)争取气象行政审批中介服务经费

云南已明确将防雷装置设计技术评价和防雷装置检测这2项中介服务纳入政府购买服务目录,但

地方财政能真正给予经费保障的不多。各级气象部门可参照其他部门的处理方式,与当地财政部门沟通,争取将气象行政审批中介服务经费纳入财政保障。

三、气象行政审批改革的长远目标和实现途径的思考

(一)深化气象行政审批改革的长远目标

一是通过气象行政审批改革平衡部门气象与社会气象的关系,支持、服务、培育社会气象行业的发展,形成部门气象与社会气象共生共荣的关系,拓展经济发展新领域。二是以效果为导向,将各自独立、互不统属的审批、监管系统深度融合,做到全国一张网,提高气象行政审批监管效率。三是"放管服"一体,为办事群众畅通服务渠道、便捷服务方式,采取措施打通"瓶颈",全面提升气象政务服务效能。四是规范运作,细化指导,配齐配强人员,加强与基层的沟通交流和政务服务指导,切实为基层减负。

(二)达到长远目标的实现途径

一是要对气象行政审批及其相关政务服务进行重新定位,给予这项工作应有的行政资源,以匹配其在气象行政管理工作中的核心地位。二是从管理者思维转换为服务者思维,在对气象市场主体的服务中,充分体现服务的宗旨,注重培育整个气象服务市场,而不是认为他们是气象专业服务的竞争者。只要气象服务市场扩大,作为基础气象数据服务提供者的气象部门,在社会中的影响和重要性就越大。三是主动走出去沟通协调,强化部门合作,让人民群众真切感受到深化气象行政审批改革带来的便利。四是正视气象行政审批、监管工作的专业需求,加大气象政务服务培训力度,苦练内功,提升能力,跟上"放管服"改革的步伐。

深化气象服务供给侧改革提升气象服务的针对性
——关于气象服务需求与供给问题的调查

刘建军　　黄峰　　张玉兰　　王晖

（宁夏气象局）

按照宁夏区局党组和"不忘初心、牢记使命"主题教育安排，为全面掌握乡村振兴、全域旅游等对气象服务的新需求，推进气象服务供给侧改革，提升服务的针对性和有效性，调研组先后赴中国气象局公共气象服务中心、自治区相关厅局和区内气象部门开展实地调研，深入部分旅游企业，详细了解气象服务工作现状、存在的问题及需求，找准差距，探索解决问题的新路子。

一、气象服务需求调查

（一）社会公众

公众关注度。调查问卷主要对象以宁夏五个地市的农民、个体户、工人、教师、医生等职业为主。其中，农民比重最大，占 32%；其次是个体工商户，占 17%；工人占 13%。调查对象中对气象灾害预报预警、短期天气预报、天气实况的关注度分别占 82%、56%、22%。

主要问题和新需求。一是公众生产生活气象服务产品单一；二是需要更加精细的空气污染物扩散气象条件预报及对居民生活影响的服务信息；三是开展疾病发生、流行的气象条件分析和预报服务；四是加大社会公众的气象科普知识宣传；五是气象预报信息的语言需更加通俗易懂。

（二）政府决策部门

需要气象部门的年度气候预测信息，以提前安排农业生产等活动，并希望能尽早提前发布相关预警信息和提示。

（三）行业生产部门

农业部门需求。一是需要较长时效的气候预测信息，如根据秋冬季气候预测，可以选择合适的播期，避免出现因播种过早造成旺长或播种偏晚形成弱苗等现象。二是设施瓜菜产销大户需要更具针对性的农业气象灾害风险预警信息。

交通部门需求。希望将道路结冰、大雾出现的具体路段和时间进一步精细化，以便提前合理安排封闭道路。

旅游行业需求。一些民宿旅游企业需要利用气象要素来帮助他们设计体验式休闲旅游项目。地方政府迫切需求利用气候舒适度、"天然氧吧"等品牌来扩大旅游产业宣传。

重大活动保障需求。希望结合不同活动需求提供更加精细化的专项预报服务，如气象要素对活动影响的具体时间、强度变化和准确范围等。

（四）气象信息获取方式

农村气象信息获取渠道分析。通过在固原市的问卷调查发现，农村气象信息获取渠道使用频率最高的是电视,达 30％,其次是手机 APP,占 28％,大喇叭、显示屏的使用频率较小,分别占 3％、1％。不同年龄段农民选择接收气象信息的方式各不相同。微信、微博等渠道主要集中在年轻群体,广播的使用主要集中在中老年群体,使用大喇叭、电子屏的群体均是距离安装点较近的村民。年龄较大的村民,获取气象信息一般都是由村干部通知。

气象短信发送存在的问题。相关部门行业的部分人员偶尔会接收到 4～6 条相同内容的气象预警短信,希望气象部门避免重复发布。

二、气象服务现状

(一)气象服务体制机制基本情况

气象服务体制机制基本建立。一是近 5 年来各级地方政府在气象服务体系建设方面相继投入8600 多万元,自治区、市、县政府均将气象服务经费纳入政府公共财政预算。二是自治区党委和政府从2012 年开始将气象服务工作纳入对各市、县政府目标考核,区、市、县和 190 个乡镇将气象服务工作纳入公共服务体系。三是区、市、县三级气象部门与农业、水利等 167 个部门建立了合作机制。

气象部门内部相关服务工作机制建设运行情况。一是制定了决策气象服务、突发灾害性天气预警服务等业务流程、规范规定;对市、县气象服务质量的监督考核得到进一步加强。二是每周定期组织决策、农业气象服务会商,关键农事季节、关键时段联合地方行业主管部门开展会商。三是大部分市、县(区)气象局能够结合本地特色和区级指导产品开展服务。

(二)气象服务现状

1. 公众气象服务

宁夏公众气象服务形成了电视、广播、手机短信等传统媒体与微博、微信、手机客户端、抖音等新媒体相结合的气象预警预报信息发布平台和渠道,但抖音等新媒体公众关注度较低。

抽样调查结果显示,气象信息接收率达到 95.81％,时效性达到 91.18％,准确度达到 88.88％,预报预警类信息达 96.15％。根据国家统计局调查显示,全区公众气象服务满意度逐年提高,近四年稳定在90 分以上,全国排名稳居前六。

2. 气象防灾减灾

建立了新的手机短信发布系统,将分属不同运营商的手机号码于一个平台发送手机短信。每年汛前更新预警服务责任人信息,保证预警信息及时发送。2018 年突发灾害性天气预警提前量为 51.5 分钟,较 2017 年提高了 22.5 分钟。宁夏突发事件预警信息发布中心虽然于 2016 年 8 月成立,但发布系统建设严重滞后,运行保障资金未到位,尚未实体化运行。

3. 专业专项气象服务

(1)气象为农服务

联合申报中国气象局枸杞特色农业气象服务中心并获批,组建自治区农业优势特色产业气象服务中心和枸杞、葡萄、马铃薯、粮食等四个气象服务分中心。全区开展特色农业气候资源种植区划和农业气象灾害风险区划各 52 个;共建农业气象试验示范田 34 块,建设农田小气候观测站 111 套;建立了"直通式"服务对象数据库和分级服务业务流程,建成智能化农业气象业务服务平台,可自动生成 200 多种个性化精准服务产品,但产品的可用性尚需提高,服务的针对性有待进一步加强。调查显示,82.31％的群众能够接收到农业气象信息、95.75％的群众认为农业气象信息推送及时、96.17％的群众认为农业气象信息准确率较高。

在气象助力精准脱贫方面。一是各地结合产业扶贫需求开展了枸杞等 14 种特色产业气象服务。二是精准对接自治区扶贫云,开展"一户一号"的直通式气象服务。三是推动智能化农业气象业务服务平台、扶贫手机 APP 为 10 万贫困人口和 125 家产业扶贫企业推送气象信息。四是联合葡萄酒庄等完善酿酒葡萄野外试验示范基地,共同打造"技术服务中心＋专家联盟＋试验基地"的气象助力产业扶贫模式。五是在同心等贫困县推广杂谷种植,增加建档立卡贫困户的收入。六是联合扶贫办、组织部将 2602 名驻村扶贫干部纳入气象信息员队伍,点对点发布气象服务信息。

经过对宁夏中南部 9 个贫困县开展第三方气象服务效果评价,2017 年气象助力宁夏精准脱贫行动计划的实施,直接产生经济效益逾 2 亿元,经济增长贡献率达 12.8%;实施人工影响天气作业间接避免经济损失 2.42 亿元。

(2)气象服务生态立区

一是成立宁夏气象局生态文明建设气象保障服务领导小组,统筹推进生态立区气象保障服务能力建设和业务发展,并将此项工作纳入省部合作。生态文明气象保障工程、生态环境保护风险评估等 11 项工作列入自治区《关于推进生态立区战略的实施意见》。二是助力大气污染防治攻坚战。强化与环保等部门的联合会商、预报,每周向自治区报送空气质量气象条件分析和未来 10 天天气条件影响预报。三是强化生态环境气象监测评估体系建设。自 2003 年开始至今,开展了草原植被盖度、湿地植物物候、水体变化、大气尘降等内容的生态监测。

(3)旅游气象服务

一是在主要景区建设各类气象观测站 59 个,但观测站覆盖度不够、观测项目单一,景区无法直接获取气象数据。二是向旅游部门提供旅游气象服务产品和 58 家 AAA 级景区天气预报,将旅游部门管理人员和景区负责人纳入预警发布联络群,及时提供气象灾害预警信息。三是探索开展将气象条件由旅游背景转变为旅游要素,挖掘资源优势,分析气候舒适度,打造气象旅游产品,为宁夏旅游推介提供有力数据支撑,助力全域旅游发展。

三、存在问题和短板

(一)区级与市县业务衔接不畅

一方面是区级业务单位对市县业务指导不够,智能化平台设计时对基层需求调研不够,部分业务系统和产品在基层应用率不高;另一方面市县局学习培训不够,业务能力不足,应用上级指导产品开展服务不充分,上下衔接不紧密。

(二)服务产品针对性不强

以"预报产品代替服务产品"的现象依然十分突出,除农业气象服务产品外,旅游、交通、水利等服务产品与预报产品差别有限,服务指标体系不完善,缺乏影响分析,内容单一,差异化供给、个性化服务基本停留在纸面上。

(三)"趋利"型气象服务亟待加强

各级决策层、各部门及企业还希望得到气候资源潜力、阶段性气候资源优势等可以促进当地社会经济发展、生态文明建设的分析,希望针对性更强的气象数据和结论来支撑决策、促进发展。目前宁夏气象服务多注重于防灾减灾,即"避害"有余;在利用气候优势促进社会、经济发展上所做不多,即"趋利"不够。

(四)公众服务考核与实际业务不相适应

基层普遍反映部分气象服务考核指标与实际脱节,服务产品与服务需求不适应,基层疲于应对。如大喇叭、显示屏设备老化且维修困难,利用率低;"钉钉"消耗内存,用户不愿安装;预警信息发布过频,且存在滞后情况;"三叫应"规定不统一,存在叫应过度现象,有时会引起服务对象甚至决策层负面情绪。

(五)气象现代化建设成果在服务中应用不足

虽然智能网格预报等气象现代化建设成绩斐然,但未能更好地转化为气象服务能力的提升。如应用丰富的监测数据、试验设备尚没有建立有效的服务指标体系,精细化预报并没有转化为精细化的服务产品等。

(六)专业气象服务发展机制还不健全,规模不够大,产品科技含量和服务供给水平低

2019年区局针对区级专业服务企业进行了探索性的集约化改革,取得了初步成效,但未能充分激发专业气象服务发展活力,企业与业务技术支撑单位协作机制不够顺畅高效,多元化、智慧化、科技含量高、有品牌影响力的专业服务产品还很欠缺。

四、对策和建议

(一)规范业务流程、工作机制,畅通上下沟通渠道

进一步规范业务流程,完善上下沟通机制是畅通上级业务指导和基层应用服务,促进区级和市县级业务衔接的有效手段。区级业务建设项目要吸收基层业务人员参与,或联合申报项目,既发挥区级科研、技术优势,又可调动基层业务人员积极性;既能使研发成果落地生根,又可培养基层人员。针对如何推进气象服务发展设立"金点子"建议箱,激发干部职工尤其是青年职工勇于创新的热情。

(二)加强需求分析,不断提高服务产品针对性

以用户需求为导向,进一步解放思想,转变服务观念,充分调研和分析,在做好传统气象服务的同时,深入挖掘用户潜在需求,发展基于影响的专业气象预报技术,扩大气象服务有效供给,提升气象服务的针对性、专业化、特色化、智慧化水平。强化服务指标体系建设,针对不同行业、不同对象建立个性化的服务模式。

(三)做好防灾减灾服务的同时,着力强化"趋利"型气象服务

转变观念,将"避害"为主向"趋利、避害"并重转变。充分认识气候资源的多样性,不利条件与有利条件的可转化性,认真分析气候资源对当地经济社会、生态文明建设的支持作用,发挥好防灾减灾"发令枪""消息树"作用的同时,努力成为当地经济社会发展的"助推器""资源池"。区局应进一步加强现代气候业务,提高气候预测可用性,在气候资源分析、气候资源预估等方面加大投入,助力产业发展,成为地方经济的重要参加者,打造宁夏专业气候服务名片。

(四)突出服务实效,优化完善气象服务考核

以提升服务质量、效果为目标,优化调整一批不适宜、不适用的考核内容。充分利用新技术、新手段,整合气象服务信息发布渠道,实现服务信息的集中统一发布,并及时清理一些过时、报废的信息发布渠道。进一步规范"叫应制度",避免"过度叫应"。

(五)重视成果转化应用,努力发挥气象现代化建设成果在服务中的作用

加大新技术应用的支持力度,优先支持专业观测数据、网格预报产品、智能化业务产品转化为气象服务产品的技术研发。发挥区级业务单位的龙头和指导作用,带动基层气象服务能力的提升。

(六)探索建立有利于专业气象服务发展的科技创新机制

深化完善区级专业服务企业集约化改革,探索开展与国家级专业气象服务集团公司的协同发展模式,引入优势资源;探索开展专业气象服务混合制发展模式,引入民营企业灵活的发展机制。不断推动区级专业气象服务企业规模化发展,建立有利于激发专业气象服务发展活力的机制,促进、带动公众、决策气象服务科技含量的提升,努力提高专业气象服务对整个公众气象服务的贡献率。

发挥部门优势，精准推进工作

——关于做好气象部门异地养老管理服务有关问题的调研报告

黄燕　轩青贵　孙彬

（中国气象局离退休干部办公室）

中国特色社会主义进入新时代，党和国家各项工作开启新征程。做好老干部工作也必须融入新时代，适应新形势，解决新问题，展现新担当，精准谋划思路、精准制定政策、精准推进工作，不断增强为老服务的时代性、针对性、有效性。为此，中国气象局离退休干部办公室以习近平总书记关于老干部工作的重要论述为根本遵循，着眼新时代气象部门老干部工作的新情况新特点，坚持问题导向，围绕部门异地养老服务有关问题组织开展了针对性调研，并结合部门实际研究提出做好精准服务的有效举措建议。现将有关情况报告如下。

一、调研基本情况

调研组由离退休干部办公室黄燕主任、轩青贵副主任、各处处长和部分省（区、市）气象局老干部工作部门有关人员组成。调研主要采取数据汇总分析、材料交流、集中座谈等形式开展。为使调研更具针对性，聚焦实际问题，此次调研主要针对6个月以上长期国内异地养老人员（文中所称异地养老人员均指国内异地居住6个月以上人员）。调研组对全国气象部门31个省（区、市）气象局异地养老人员的分布数据进行了收集、汇总和分析。在此基础上集思广益，组织青海、西藏、新疆3个输出异地养老人员较多的省（区）局和北京、天津、上海、江苏、浙江、广东、海南、四川等8个输入较多的省（市）局老干部工作人员，围绕近年来气象部门异地养老情况、管理服务中遇到的问题以及解决问题的有关建议进行了集中交流讨论。

二、调研了解到的情况和问题

调研中，调研组立足于了解民情、掌握实情、实事求是、破解难题，力求对气象部门异地养老实际情况和需要解决的关键问题了解清、分析透，为精准谋划思路、精准提出举措、精准推进工作奠定基础。

通过调研，我们了解到，近年来气象部门异地养老呈现以下主要特点：一是异地养老人数呈上升趋势。截至2019年6月，全国气象部门异地养老同志已达到2600多人。31个省（区、市）气象局都或多或少地向外省（区、市）或国（境）外输出离退休老同志。二是异地养老同志居住分散。既有国内也有国（境）外；既有直辖市、省会城市，也有地级市和区县；既有沿海城市，也有中部内陆城市。全国31个省（区、市），只有西藏和青海没有异地养老同志。三是自然环境和经济条件较差的区域输出较多。新疆、青海、西藏3个省（区）气象局分别排列前三。其中新疆340人、青海317人、西藏217人。四是经济较为发达或自然环境较好的区域输入较多。其中，北京、上海、四川输入人数最多。

基于上述客观情况，调研组对气象部门开展异地养老管理服务工作存在的问题进行了分析，认为以下问题需要进一步研究，拿出实招和硬招加以解决。

(一)异地养老的离退休干部党建工作存在盲区

全国老干部局长会议多次强调,老干部工作从本质上讲就是党建工作。由于受到居住分散、语言障碍、党组织关系转递难、户籍迁徙受限等多方面因素的影响,异地养老的离退休干部党员参加组织生活、定期组织学习、"三会一课"等党建工作不能正常开展。如有些城市的社区只接收在当地有户籍关系的党员,有些异地养老同志因政策原因无法将户籍迁入实际居住地,进而无法转递组织关系,成了只交纳党费不能参加党组织生活的"口袋"党员。还有很多在南方城市异地居住的老同志,由于听不懂当地方言,客观上导致无法参加当地社区的党组织学习和活动,长期游离或脱离党组织。这些问题与新时代党的建设全面加强的要求明显不符,不采取切实措施加以解决,将在对异地居住的老党员进行教育、管理等工作方面出现缺位,也同异地居住的老党员参加组织生活的需求与情感产生矛盾。

(二)异地养老同志与输出省局老干部工作部门存在不同程度的脱节现象

输出省局组织开展离退休干部情况通报会、集体学习、文体活动、日常和重大节日慰问等为老服务工作时,由于空间距离的不便,异地养老同志一般无法正常参加。输出省局老干部工作部门只能通过电话、微信等方式向老同志们通报情况和慰问。尤其是当异地养老同志在居住地发生突发紧急情况时,不能及时得到组织上的帮助。上述脱节现象,造成异地养老同志的政治、生活、文化等各方面需求不能得到满足,政治待遇和生活待遇的落实受到限制。

(三)输入省局老干部工作部门在承担异地养老同志服务方面存在一定的困难

一方面,客观上绝大多数省局老干部工作部门人员编制很少,一般仅有 2~3 人,人手十分紧张。落实精准服务的理念,针对离休人员、局级老干部、空巢、重病号等重点人员服务到每个人,使得各省局老干部工作部门压力加大。同时,地市及以下气象局受人员编制所限,没有专职老干部工作人员。调研中,大部分输入省局反映,气象部门是一家,应该而且能够对当地的异地养老同志提供必要的支持和帮助,但将异地养老同志完全等同于本单位离退休干部进行管理和服务,存在实际困难,也力不从心。如四川省局离退休干部已达 2634 人,目前在四川异地养老的老同志有 343 人,老干部工作部门面临的服务对象数量将与本省在职人员持平(3002 人),工作开展难度非常大。另一方面,各地离退休人员待遇标准不同,经费管理方式方法也不同,因此输入省局在协助输出省局为异地养老同志服务时,在经费使用方面存在现实困难和财务制度制约。

三、有关建议

(一)举部门之力,精准推进工作

围绕调研了解到的上述情况和问题,经认真检视剖析,调研组建议按照新时代老干部工作的新要求,气象部门老干部工作部门要有新担当新作为,有必要从气象部门老干部工作实际出发,充分发挥垂直管理优势,深入推进为老服务精准化建设,输出和输入省局双方加强沟通联系,齐心协力共同做好异地养老服务管理工作,力争实现局党组的关怀传递全覆盖。

发挥老同志自身主观能动性,实行自我教育、自我管理、自我服务。按照《中国共产党支部工作条例》和《中国共产党党员教育管理工作条例》的有关要求,加强离退休流动党员管理,探索推行"一方隶属、参加多重组织生活"的管理新模式,即异地养老的离退休流动党员的组织关系保留在原党组织的情况下,同一省(区)局在同一城市异地养老的离退休党员人数达到 3 人以上的,成立流动党员党支部,组织离退休流动党员就近就便参加组织生活。流动党员党支部也作为异地养老离退休干部的自我管理组织,负责与本省局的联络、组织开展慰问和各类活动。对不符合成立流动党员党支部条件的,同一省

(区)局在同一城市异地养老的离退休干部人数超过 5 人的，成立自我管理委员会(以下简称"自管会")，并指定 1～2 人担任联络员。自管会结合实际情况组织慰问异地养老同志和开展各项文体活动，与输出省局老干部工作部门保持联系沟通。对流动党员党支部和自管会成立条件都不具备的，异地养老同志可参加当地气象部门的离退休党支部活动和老年课堂、文体兴趣团队，或将组织关系转到所在地社区，参加社区党组织活动。按上述方式有效发挥离退休老党员自身作用的同时，输出省局和输入省局的老干部工作部门应加强分工协作、相互配合，输出省局与流动党员党支部保持经常联系，跟进做好党员教育、管理服务等工作，输入省局协助流动党员党支部或自管会的正常运行做好服务保障工作。

围绕需要解决的关键问题，输出省局和输入省局同向发力、形成合力。输出省局老干部工作部门主动履行职责，加强统筹，将本省异地养老同志的具体情况、成立党支部或自管会等情况向输入省局老干部工作部门备案，以便输入省局及时了解情况，提供相关协助服务；定期与各地党支部或自管会沟通联系，跟踪了解开展工作和活动的情况，特别是注意全面了解党支部或自管会面临的实际困难和问题，及时研究帮助推进解决；按《关于进一步加强和改进气象部门离退休干部工作的意见》，继续落实每三年慰问一次的相关要求，对重点对象之外的其他人员开展慰问。输入省局老干部工作部门代表输出省局做好春节、重阳节两大节日对离休干部、老劳模、老党员、生活困难人员等在内的重点关注对象的实地慰问工作，具体名单由输入省局与输出省局沟通确定；及时为突发重大疾病等应急状况的异地养老同志提供帮助，并与输出省做好沟通衔接；为党支部或自管会开展组织活动和学习活动提供学习资料、场地等必要的支持和保障服务；协助不具备党支部或自管会成立条件的异地养老党员将组织关系转到居住地社区，或不转组织关系，吸纳异地养老党员和老同志参加当地气象部门的离退休党支部活动和老年课堂、文体兴趣团队。

落实有关经费保障，解决输入省局老干部工作部门后顾之忧。在现有政策条件下，输出省局按照《关于进一步加强和改进气象部门离退休干部工作的意见》确定的党费返还比例，将异地养老党员的党费和异地养老同志的公用经费以适当形式划拨给流动党员党支部或自管会，用于党支部或自管会组织开展党组织活动、文体活动和日常慰问等支出。党支部或自管会在使用相关经费时，严格执行财务、审计有关经费支出的规定，并定期向输出省局老干部工作部门报告相关经费使用情况。重大节日慰问所需经费由输出省局承担，有关支出方式由输出省和输入省局协商解决。

(二)进一步规范管理，提供政策保障

调研了解到的一些问题，影响和制约输入和输出双方老干部工作部门开展为老服务工作，如有些已在异地定居的老同志想转递组织关系到居住的社区，而部分地区对转递组织关系有户籍方面的限制，建议在实际操作层面进一步畅通跨地区转递组织关系的具体手续办理问题，使得异地居住无当地户籍的老同志能够更及时、顺利地转递组织关系，从而能够参加当地社区党组织生活和活动。再如输入省局为异地养老同志提供服务产生的相关经费，受财务支出有关要求的制约。由于离退休经费需要按预算核定人员支出，对于非本单位离退休人员的相关支出，不能进行财务报销，建议有关部门予以研究和明确，使异地养老同志在居住地得到组织同等的关心和服务。